J.-F. Mallet

심플리심

SIMPLISSIME

세상에서 가장 쉬운 프랑스 요리책

장 프랑수아 말레 지음
강현정 옮김

CITRON MACARON
The Kitchen

이 책은 수년간의 경험을 담은 결실입니다.
거의 매일 스스로에게 묻는 "오늘 저녁엔 뭐 해먹지?" 라는
질문에 대한 해답이지요.

남녀노소 할 것 없이 냉장고나 찬장에 있는 몇 가지의 재료만으로
매일매일 무슨 요리를 할까, 어떻게 활용할까 고민하는 것은
그야말로 골치 아픈 일입니다.

이 책을 통해서 빠르게 만들 수 있는 쉬운 요리, 그러면서도 누구나
좋아할 만한 맛있는 레시피들을 소개하고 싶었습니다.
단순한 재료만 사용해도 맛을 잘 조합하면, 소박하지만 아주 맛있는
요리를 만들 수 있고, 긴 시간 수고하지 않아도 여러 사람을
만족시킬 수 있을 거예요.

이 책은 간단한 스웨덴 가구를 조립하는 것만큼 아주 쉽답니다.
2~6가지의 재료들이 사진으로 소개되어 있고, 조리법도 단 몇 줄에
불과합니다. 쉽게 준비하고, 그냥 알아서 익기만 기다리면…
요리가 완성되는 거죠!

요리하면서, 특히 사랑하는 사람들과 함께하는 식탁에서
행복한 순간들을 즐기시길 바랍니다.

---

* 알림 : 이 책에 사용된 모든 주석은 한국어판 편집 과정에서 추가한 것으로, 레시피의 순서와 상관없이 요리할 수 있도록 중복된 주석도 생략하지 않았습니다.
여기에 사용된 계량 단위는 1테이블스푼=15ml, 1티스푼=5ml입니다.

이 책의 사용법

우선 여러분의 부엌에 이 정도는 기본적으로 갖추고 있을 것이라는 전제하에 이 책을 시작합니다.

- 물
- 가스레인지, 오븐
- 냉장고
- 프라이팬
- 무쇠 냄비
- 잘 드는 칼
- 소금, 후추
- 기름

(혹시 이들 중 하나라도 준비가 안 되어 있다면, 지금이 투자할 때!)

기본적으로 필요한 식재료는 어떤 것들인가요?

- **통조림** : 기름에 저장한 참치나 정어리 통조림, 코코넛 밀크, 토마토 통조림 3종 기본 세트(토마토소스, 토마토 페이스트, 토마토 콩카세)
- **허브** : 신선한 허브가 제일 좋습니다. 생 허브를 추천하지만, 여의치 않다면 냉동이나 건조된 허브를 사용해도 돼요(향미는 떨어집니다).
- **기름** : 올리브오일(당연히 엑스트라 버진이 제일 좋아요), 헤이즐넛 오일, 호두 오일, 참기름
- **파스타** : 여러 종류의 파스타를 준비해두면 다양한 레시피에 따라 적절하게 사용할 수 있어 편리합니다.
- **간장** : 일본 기코망 간장, 특히 저염 간장을 추천합니다.

어떤 조리 기술이 필요할까요?

- **파스타 삶기** : 큰 냄비에 물을 넉넉히 담고 끓여, 소금을 넣은 다음 파스타를 익힙니다. 알 덴테(al dente)로 익힌 것을 선호한다면 조리 시간에 주의합니다.
- **중탕하기** : 이 방법은 재료를 태우지 않고 녹이거나 익히는 데 유용합니다. 익힐 재료를 작은 냄비나 적당한 용기에 넣고, 그것보다 큰 그릇에 물을 끓인 다음, 그 안에 작은 용기를 넣어 익힙니다.
- **양념에 재우기(마리네이드)** : 재료를 다양한 양념에 재워 향을 내거나 식감을 연하게 합니다.
- **달걀흰자 거품 내기** : 달걀흰자에 소금을 한 꼬집 넣고, 전동 믹서 거품기의 회전 속도를 점차적으로 높여가며 거품을 올립니다. 계속 한 방향으로 저어야 거품이 꺼지지 않습니다.
- **크렘 샹티이(휘핑크림) 만들기** : 크림과 볼의 온도가 아주 차가워야 성공적인 휘핑크림을 만들 수 있습니다. 만들기 바로 전에 몇 분 동안 냉동실에 넣어둡니다. 전동 믹서 거품기를 사용합니다.

• **오렌지 껍질 한 번에 깎기** : 칼로 오렌지의 외피와 흰색 부분을 한 번에 깎아 벗기는 테크닉입니다. 우선 오렌지의 양 끝을 조금 잘라 내고 세워 놓은 다음, 둥근 모양을 따라 과육과 껍질 사이에 칼날을 넣어가며 위에서 아래로 껍질을 깎아냅니다.

• **졸이기** : 즙이나 육수 등을 뚜껑을 덮지 않은 상태로 약하게 끓여 수분을 증발시킴으로써 그 분량을 줄이는 테크닉입니다. 이 과정을 통해 더 진한 맛을 얻을 수 있고, 농도도 더 걸쭉해집니다.

• **레몬 제스트 만들기** : 세 가지 방법이 있습니다.

우선, 치즈 그레이터를 레몬 껍질에 대고 직접 갈아내는 방법입니다. 껍질의 흰 부분에는 강판이 닿지 않도록 한 번만 살짝 긁어 갈아 고운 레몬 제스트를 얻을 수 있습니다. 가장 간단한 테크닉으로 초보자도 쉽게 할 수 있죠. 중급 이상의 기술로는 레몬 제스터를 사용하는 방법인데, 얇은 국수 모양으로 레몬 껍질을 가늘게 긁어낼 수 있습니다. 마지막으로, 상황에 따라 잘 적응할 줄 아는 사람이라면 제스터 등의 도구가 없더라도 간단히 감자 필러를 이용해 레몬 껍질의 노란 부분만 얇게 벗겨내 쓰면 됩니다.

어떤 조리 도구를 선택할까요?

• **전동 믹서 거품기** : 소스를 혼합하거나 달걀흰자 거품을 낼 때, 또는 크림을 휘핑하여 크렘 샹티이를 만들 때 요긴하게 쓸 수 있습니다. 물론 힘들긴 하겠지만 거품기를 직접 손으로 돌려도 됩니다.

• **핸드믹서** : 수프, 스무디, 밀크셰이크 등 액체 상태의 음식을 갈 때 편리합니다. 비교적 저렴한 가격으로 구입할 수 있고, 사용하기 편리할 뿐 아니라 공간도 많이 차지하지 않아서 여러모로 매우 실용적이죠. 긴 모양의 믹서를 음식물이 담긴 용기에 직접 넣고 갈기 때문에 설거지 부담도 훨씬 줄어드는 장점이 있습니다.

• **블렌더** : 핸드믹서보다 비싸고 덩치가 커서 자리를 많이 차지하지만, 단계별로 더 곱고 부드럽게 갈 수 있는 장점이 있습니다. 블렌더 장착용 볼에 음식물을 부어 갈아야 하므로, 사용 후 따로 이 용기를 씻어야 하는 번거로움이 있습니다.

• **다용도 푸드 프로세서** : 이름 그대로 다목적용 만능 도구입니다. 커팅날, 거품기, 다지기 등 여러 종류의 부품을 목적에 맞게 갈아 끼우며 사용할 수 있어 편리합니다.

오븐 온도 표시

90℃ : th. 3	150℃ : th. 5	210℃ : th. 7	270℃ : th. 9
120℃ : th. 4	180℃ : th. 6	240℃ : th. 8	300℃ : th. 10

자, 이 정도 숙지했으면 준비 완료!
이제 레시피대로 따라 하기만 하면 됩니다!

오레가노 파르메산 치즈 칩 CHIPS DE PARMESAN À L'ORIGAN

파르메산 치즈 조각
150g

말린 오레가노 가루
1티스푼

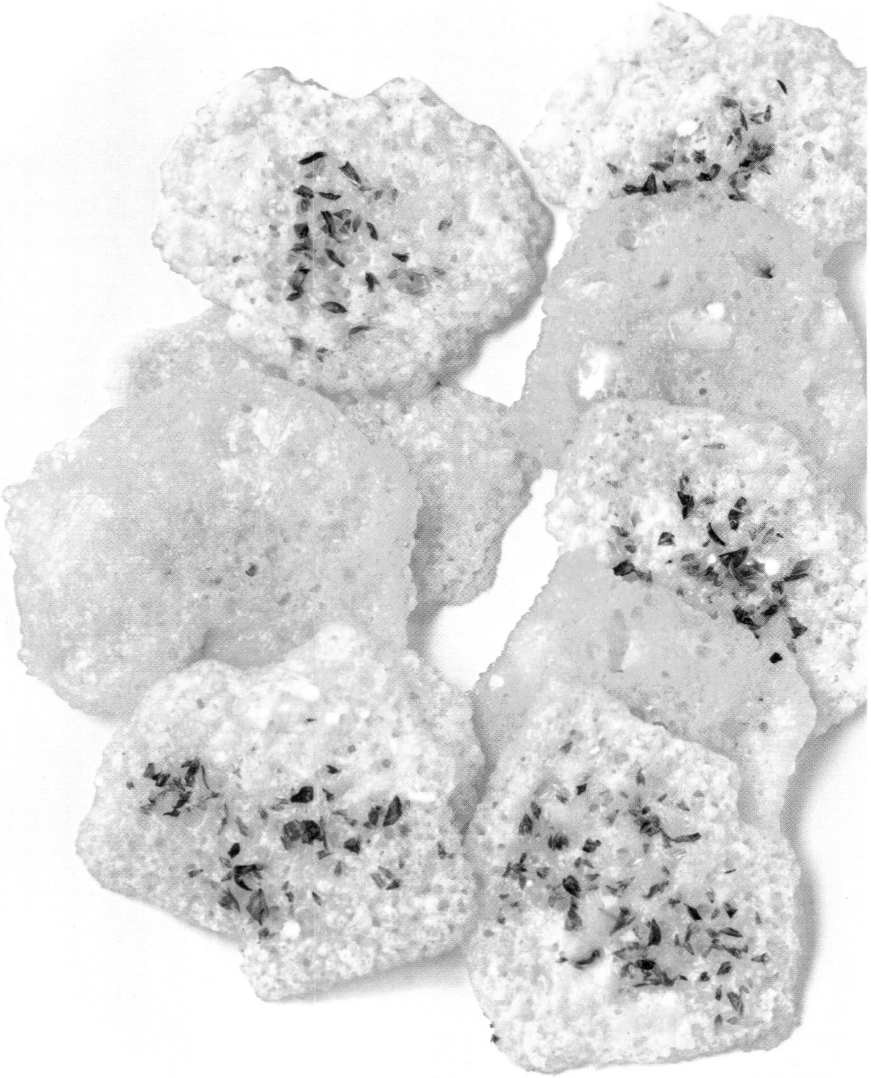

준비 : 5분
조리 : 5분

• 뜨겁게 달군 코팅팬에 **파르메산 치즈**를 조금씩 얹어 놓는다.

• 치즈가 노릇하게 녹기 시작하면, **오레가노** 가루를 뿌린 다음 뒤집어 1분간 더 굽는다.

• 파르메산 칩을 꺼내 접시에 담고 식힌 후, 아페리티프에 곁들인다.

치즈 페이스트리 FEUILLETÉS AU FROMAGE

퍼프 페이스트리(파트 푀이유테)
1장

가늘게 간 치즈
200g

준비 : 5분
조리 : 25분

- **퍼프 페이스트리** 반죽을 잘 펴고, **가늘게 간 치즈**를 골고루 얹는다. 유산지를 겉에 싸고 단단하게 눌러주며 돌돌 말아 냉동실에 20분간 넣어 둔다.
- 오븐팬에 유산지를 깐다. 페이스트리를 냉동실에서 꺼내 0.5cm 두께로 썰어 유산지 위에 놓는다.
- 180℃ 오븐에 넣어 25분간 굽는다. 노릇하게 구워지면 꺼내서 따뜻할 때 먹는다.

파르메산 치즈와 올리브 사블레 SABLÉS AU PARMESAN ET OLIVES

블랙 올리브(씨를 뺀 것)
20개

파르메산 치즈
150g

버터(상온)
100g

밀가루
100g

준비 : 25분
조리 : 15분
휴지 : 1시간

- **올리브**를 잘게 다지고 **파르메산 치즈**를 갈아 놓는다.
- **상온의 버터**와 **파르메산 치즈, 밀가루, 올리브**를 잘 섞는다.
- 순대처럼 긴 모양을 만들어 냉장고에 넣고 1시간 동안 휴지시킨다. 오븐을 180℃로 예열한다.
- 반죽을 꺼내 1cm 두께로 썰고 오븐에 넣어 15분 동안 굽는다.
- 꺼내서 오븐팬에 그대로 둔 채 식힌 다음, 떼어낸다.

소시지, 로즈마리, 레몬을 얹은 미니 피자 PIZZETAS SAUCISSE, ROMARIN ET CITRON

로즈마리
1줄기

피자 도우 반죽(냉동)
1덩어리

툴루즈 소시지*
200g

유기농 레몬
1개

소금, 후추

준비 : 15분
조리 : 25분

- 오븐을 170℃로 예열한다. **로즈마리**의 잎만 떼어서 잘게 다진다. **피자 반죽**을 밀어서 원형 틀로 12개의 작은 피자 모양을 찍어낸다.
- **툴루즈 소시지**를 12개의 원형으로 잘라 **미니 피자도우** 위에 1개씩 얹는다. 오븐에 넣어 25분간 구워낸다.
- 오븐에서 꺼낸 뒤 **로즈마리** 잎과 **레몬 제스트** 간 것을 뿌린다.

* saucisse de Toulouse : 굵게 간 돼지고기에 후추를 넣어 만든 프랑스의 익히지 않은 소시지.

휘핑크림과 훈제 연어 CRÈME FOUETTÉE AU SAUMON FUMÉ

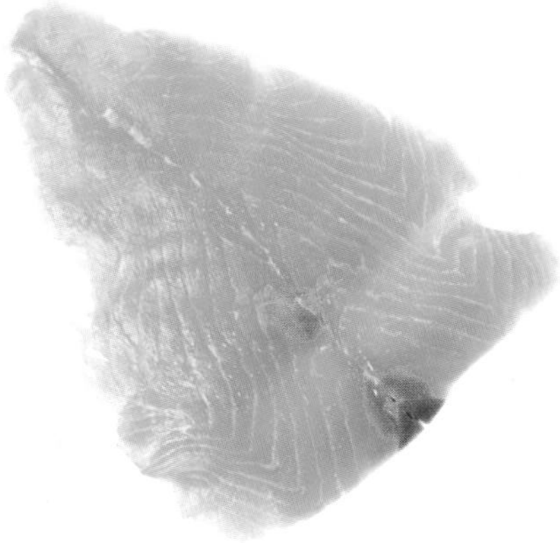

훈제 연어 슬라이스
6장

딜
1단

생크림
330ml

유기농 레몬
2개

준비 : 10분

- **훈제 연어**를 작은 큐브 모양으로 자른다. **딜**을 깨끗이 씻어 다진다. **생크림**을 아주 차가운 볼에 넣고 전동 믹서 거품기로 돌려 휘핑한다.
- 개인용 볼에 **크림, 훈제 연어, 딜, 레몬 제스트 간 것과 레몬즙**을 담아 서빙한다.

리코타 치즈와 완두콩 스프레드

DIP DE FROMAGE FRAIS ET PETITS POIS

유기농 레몬
2개

완두콩(생두 또는 냉동)
100g

리코타 치즈
250g

올리브오일
4테이블스푼

말린 오레가노 가루
1테이블스푼

빵

소금, 후추

준비 : 10분

- **레몬** 껍질 제스트를 갈고, 즙을 짜 놓는다.
- **완두콩**을 끓는 물에 2분간 데친 다음 건져서 물기를 빼고 **리코타 치즈, 올리브오일, 오레가노, 레몬즙, 레몬 제스트**와 잘 섞는다.
- 소금, 후추로 간한 다음, 구운 **빵** 위에 얹어 먹는다.

훈제 연어와 샐러리 CÉLERI AU SAUMON FUMÉ

샐러리
4줄기(작은 것)

훈제 연어 슬라이스
4장

플레인 요거트
2개

커리 가루
1테이블스푼

올리브오일
1테이블스푼

소금, 후추

준비 : 10분

- **샐러리** 줄기는 잎을 살리면서 작게 잘라 놓는다.
- 샐러리를 **훈제 연어**로 돌돌 말아준다.
- **요거트**와 **커리 가루, 올리브오일**을 혼합한다.
- 소금, 후추로 간을 맞춘 뒤, 연어로 싼 샐러리를 찍어 먹는다.

속을 채운 살구 ABRICOTS FARCIS

살구
16개(단단한 것)

부댕 누아르*
200g

준비 : 15분
조리 : 25분

- 오븐을 180℃로 예열한다. 살구는 반을 갈라 씨를 빼낸다.
- **부댕**의 껍질을 벗긴 다음, 살을 포크로 으깬다.
- **살구**의 반쪽 속을 부댕 살로 채우고, 나머지 반을 덮어 준다. 오븐 용기에 넣고 25분간 구워낸다.
- 뜨거울 때, 루콜라 샐러드를 곁들여 먹는다.

* boudin noir : 돼지의 피가 섞인 순대와 비슷한 프랑스식 소시지.

햄을 말아 구운 아스파라거스 ASPERGES RÔTIES AU JAMBON

그린 아스파라거스
20개

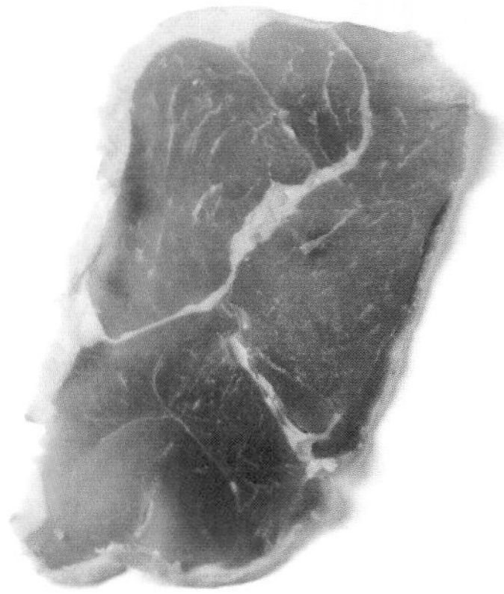

생 햄(프로슈토) 슬라이스
10장

소금, 후추

준비 : 5분
조리 : 10분

- **아스파라거스**의 껍질을 필러로 벗기고 연한 윗부분을 적당한 크기로 자른다.
- **햄**을 2등분한다.
- **햄**으로 **아스파라거스**를 돌돌 말아준다.
- 180℃ 오븐에서 10분간 굽는다.
- 따뜻할 때, 마요네즈를 곁들여 먹는다.

체리를 곁들인 팬 프라이 푸아그라 FOIE GRAS CHAUD À LA GRIOTTE

핏줄을 제거한 푸아그라
400g(신선 재료 또는 냉동)

체리
20알(생과일 또는 냉동)

발사믹 식초
4테이블스푼

소금, 후추

준비 : 5분
조리 : 6분

- **푸아그라**를 도톰한 두께로 자른 다음, 아주 뜨겁게 달군 팬에 기름을 두르지 않은 상태로 지진다.
- 앞뒷면을 각각 2분씩 색이 나게 익힌다.
- **체리**와 **발사믹 식초**를 넣는다. **푸아그라**에 끼얹으며 1분간 졸인다. 소금, 후추로 간한 다음 서빙한다.

수박 참치회 SASHIMI DE THON À LA PASTÈQUE

간장
3테이블스푼

올리브오일
3테이블스푼

참치 횟감
600g(붉은 살 또는 흰 살)

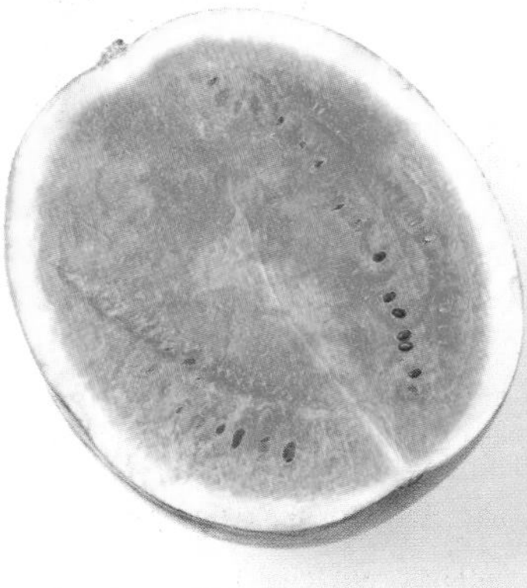

수박
600g

준비 : 10분

- **간장**과 **올리브오일**을 섞는다.
- **참치**를 도톰한 두께의 큐브 모양으로 자른다.
- **수박**은 껍질을 잘라내고, **참치**와 비슷한 크기로 썬다.
- 4개의 접시에 각각 **참치회**와 **수박**을 교대로 담는다.
- 냉장고에 보관한다. 서빙하기 2분 전에 소스를 뿌린다.

가리비와 푸아그라 타르타르 TARTARE DE SAINT-JACQUES ET FOIE GRAS

아보카도
1개

익힌 푸아그라 테린
150g

내장 제거한 가리비
12개(생물 또는 냉동)

올리브오일
2테이블스푼

라임
1개

소금, 후추

준비 : 10분

- **아보카도**의 껍질을 벗기고 큐브 모양으로 썬다.
- **푸아그라**와 **가리비**도 같은 크기로 썬다.
- 샐러드 볼에 재료를 모두 섞고, 소금, 후추로 간을 한다.

올리브오일과 **라임즙**을 뿌린 후 구운 빵을 곁들여 즉시 서빙한다.

베이컨으로 말아 구운 체리 CERISES AU LARD

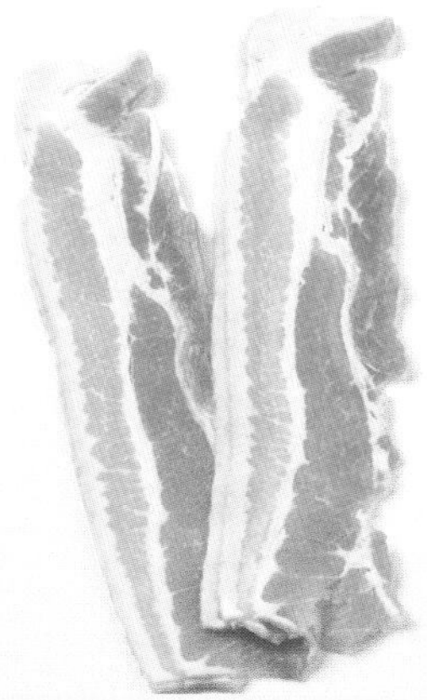

얇은 베이컨
10장

체리
20알

준비 : 5분
조리 : 10분

- 오븐을 180℃로 예열한다. **베이컨**을 반으로 자른다.
- **체리**를 깨끗이 씻어 물기를 제거한 후, **베이컨**으로 말아 감싼다.
- 오븐 용기에 담은 후, 오븐에서 10분간 구워낸다.

따뜻할 때 아페리티프와 곁들인다.

블루베리를 넣은 수렵육 파테

PÂTÉ CHAUD DE GIBIER À LA MYRTILLE

수렵육 간 고기
300g

블루베리
150g(생과일 또는 냉동)

소금 4g

후추 2g

준비 : 10분
조리 : 45분

- 오븐을 180℃로 예열한다. 볼에 **수렵육**과 **블루베리**를 넣고 잘 섞는다. 소금과 후추로 간을 하고 잘 치대며 혼합한다.
- 4개의 개인 내열 용기에 나눠 넣고 꾹꾹 잘 눌러 마무리한 다음, 오븐에 넣어 중탕으로 45분간 익힌다.
- 샐러드를 곁들여 뜨거울 때 먹는다.

피스타치오를 넣은 오리 테린 TERRINE DE CANARD À LA PISTACHE

껍질 벗긴 피스타치오
60g

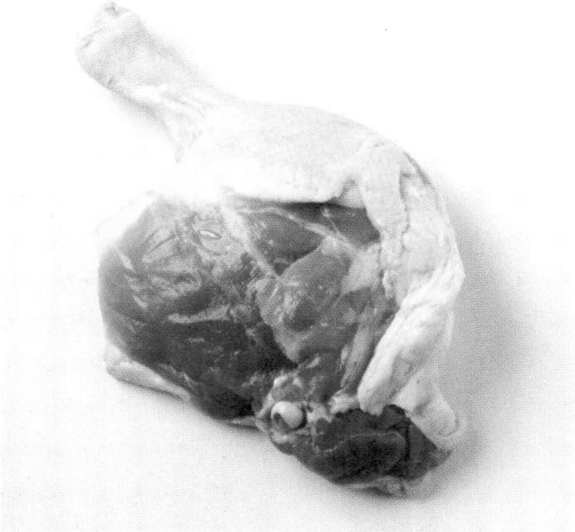

오리 다리
800g(3개 정도)

돼지고기 다짐육
200g

달걀
2개

코냑
4테이블스푼

소금 4g

후추 2g

준비 : 15분
조리 : 1시간 15분
휴지 : 24시간

• 오븐을 170℃로 예열한다. **피스타치오**를 굵직하게 다진다. **오리 다리**의 뼈를 제거한 다음, 발라낸 살을 푸드 프로세서에 넣고 간다. 재료를 모두 볼에 넣고 잘 치대며 섞는다.

• 테린 틀에 넣고 꾹꾹 눌러준 다음, 오븐에서 중탕으로 1시간 15분 동안 익힌다.

• 식힌 후 냉장고에 24시간 동안 넣어 두었다가 다음 날 먹는다.

닭 간 테린 TERRINE DE FOIE DE VOLAILLE

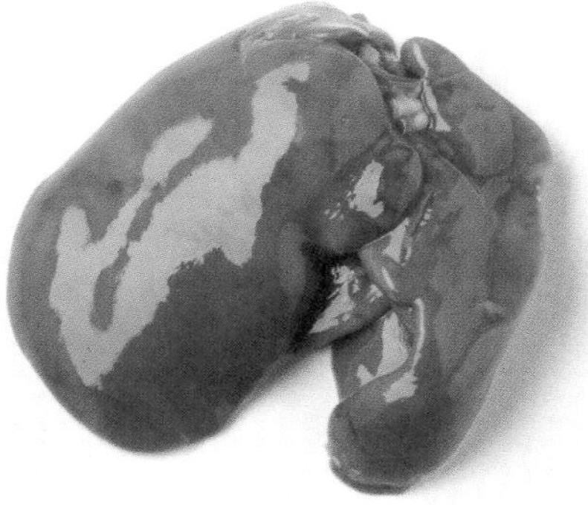

닭 간
500g

돼지고기 다짐육
400g

달걀
2개

타임
1티스푼(신선 재료 또는 말린 것)

소금 4g
후추 2g

준비 : 15분
조리 : 45분
휴지 : 12시간

- 오븐을 170℃로 예열한다. **닭 간**의 반은 작게 썰고, 나머지 반은 푸드 프로세서에 간다. 볼에 모든 재료를 넣고 잘 섞어준다.
- 테린 틀에 넣고 꾹꾹 잘 눌러 마무리한 다음 오븐에 넣어 중탕으로 45분간 익힌다.
- 하룻밤 냉장고에 넣어 식힌 뒤, 두툼하게 썰어 서빙한다.

팽 데피스를 넣은 푸아그라 FOIE GRAS AU PAIN D'ÉPICE

핏줄을 제거한 푸아그라
1덩어리(신선 재료 또는 냉동)

팽 데피스*
3장

소금 4g
후추 2g

준비 : 10분
조리 : 20분
휴지 : 12시간

- 오븐을 180℃로 예열한다. **팽 데피스**를 3등분하고, **푸아그라**는 5등분한다. 소금과 후추로 간한다. 밀폐 가능한 병에 **푸아그라**와 **팽 데피스**를 교대로 켜켜이 쌓아 넣는다.
- 꾹꾹 잘 눌러 마무리한 다음 병뚜껑을 닫고, 오븐에 넣어 중탕으로 20분간 익힌다.
- 냉장고에 하룻밤 넣어 두어 차갑게 한 후 먹는다.

* pain d'épice : 벌꿀과 정향, 육두구, 계피 등의 향신료를 넣어 만든 빵으로 프랑스 디종의 특산물이다.

소금에 숙성한 푸아그라 FOIE GRAS AU SEL

핏줄을 제거한 푸아그라
1덩어리(신선 재료 또는 냉동)

회색 굵은 소금
500g

소금, 후추

준비 : 10분
휴지 : 12시간

• 하루 전날, **푸아그라** 덩어리를 얇은 면포(또는 여러 겹의 거즈)로 잘 싼 다음 용기에 담고, 굵은 소금으로 덮어 12시간 동안 냉장고에 넣어 둔다.
• 냉장고에서 꺼내 소금을 걷어내고 면포를 벗겨낸 뒤 **푸아그라**를 잘 닦는다. 적당한 두께로 썰어 브리오슈 토스트와 곁들여 먹는다.

푸아그라 배추찜 FOIE GRAS AU CHOU

배추 잎
8장

핏줄을 제거한 푸아그라
500g(신선 재료 또는 냉동)

소금, 후추

준비 : 10분
조리 : 20분

- 끓는 물에 **배추 잎**을 2분간 데친다. 찬물에 담가 식힌 후 길게 반으로 자른다.
- **푸아그라**를 8조각으로 자르고 소금, 후추로 간한다. **배추** 반쪽으로 **푸아그라**를 한쪽씩 말아 싼다.
- 찜통에서 증기로 5분간 찐다. 꺼내서 물기를 털어내고 접시에 담는다. 그냥 먹거나 프렌치드레싱을 곁들인다.

푸아그라를 넣은 돼지 정강이살 테린 TERRINE DE JARRET DE PORC AU FOIE GRAS

염장 돼지 정강이
1kg(뼈째 삶은 것)

핏줄을 제거한 푸아그라
250g(신선 재료 또는 냉동)

소금, 후추

준비 : 15분
조리 : 30분
휴지 : 12시간

- 끓는 물에 **돼지 정강이**를 넣고 10분간 데친다. 건져서 미지근하게 식으면 뼈를 발라내고 살과 껍질을 잘게 썬다.
- 오븐을 180℃로 예열한다. 테린 틀에 **돼지 정강이살**과 4등분으로 자른 **푸아그라**를 넣는다. 꼭꼭 잘 눌러 마무리한 다음 오븐에 넣어 20분간 익힌다.
- 냉장고에 하룻밤 넣어 둔다. 다음 날, 틀에서 분리한 다음 두툼하게 잘라서 샐러드를 곁들여 먹는다.

머스터드를 곁들인 돼지 정강이살 테린 TERRINE DE JARRET À LA MOUTARDE

염장 돼지 정강이
1kg(뼈째 삶은 것)

홀그레인 머스터드
3테이블스푼

소금, 후추

준비 : 15분
조리 : 10분
휴지 : 12시간

- 끓는 물에 **돼지 정강이**를 넣고 10분간 데친다.
- 건져서 미지근하게 식으면 뼈를 발라내고 살과 껍질을 잘게 썬다.
- **머스터드**와 잘 섞은 다음 테린 용기에 꾹꾹 눌러가며 넣는다.
- 냉장고에 하룻밤 보관한다. 다음 날 틀에서 분리한 다음 두툼하게 잘라 샐러드를 곁들여 먹는다.

캐러멜라이즈드 콜리플라워 퓌레 CRÈME DE CHOU-FLEUR CARAMÉLISÉ

콜리플라워
1개(900g)

버터
100g

소금, 후추

준비 : 10분
조리 : 25분

- **콜리플라워**를 작게 잘라 냄비에 넣고 잠길 만큼 물을 넣은 다음 20분간 익힌다. 건진 다음, 삶은 물은 보관한다.
- 소스팬에 버터를 녹인다. 아주 뜨거운 **버터**에 **콜리플라워**를 갈색이 나도록 몇 분간 볶아 캐러멜라이즈 시킨다.
- 콜리플라워 삶은 물을 부어 끓인 후 믹서로 갈고 소금, 후추로 간한 후 먹는다.

푸아그라 아티초크 크림 CRÈME D'ARTICHAUT AU FOIE GRAS

아티초크 속살
400g(통조림 또는 냉동)

생크림
300ml

익힌 푸아그라 테린
120g

올리브오일
1테이블스푼

소금, 후추

준비 : 15분
조리 : 8분

- 냄비에 **아티초크 속살**과 물 400ml, **생크림**을 넣고 끓인다.
핸드믹서로 간 다음 소금, 후추로 간을 한다.
- **푸아그라**를 큐브 모양으로 썬다.
- 우묵한 접시에 아티초크 크림을 담고, 그 위에
푸아그라를 얹은 다음 **올리브오일**을 한 번 두른다.
후추를 살짝 뿌려 먹는다.

아스파라거스 가스파초 GASPACHO AUX ASPERGES

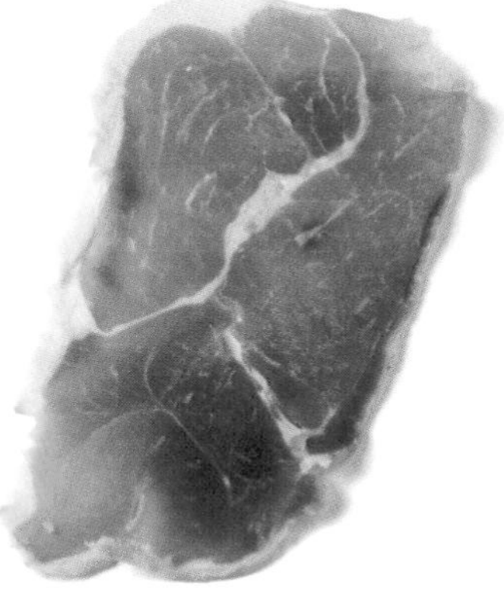

생 햄(프로슈토) 슬라이스
4장

그린 아스파라거스
8줄기

화이트 아스파라거스
640g(병조림 2개분)

올리브오일
2테이블스푼

소금, 후추

준비 : 10분
조리 : 15분

- **그린 아스파라거스**의 껍질을 벗기고 질긴 밑동을 잘라 다듬은 후, **생 햄**과 함께 넓은 용기에 펼쳐 담고 180℃ 오븐에 넣어 10분간 굽는다. 꺼내서 잘게 썬다.
- 병조림 **화이트 아스파라거스**를 병에 담긴 물과 함께 블렌더에 간다.
- 우묵한 접시에 담고, **그린 아스파라거스**와 **생 햄을** 얹은 다음, **올리브오일**을 살짝 둘러 서빙한다.

연어알을 얹은 샐러리악 크림 CRÈME DE CÉLERI AUX OEUFS DE SAUMON

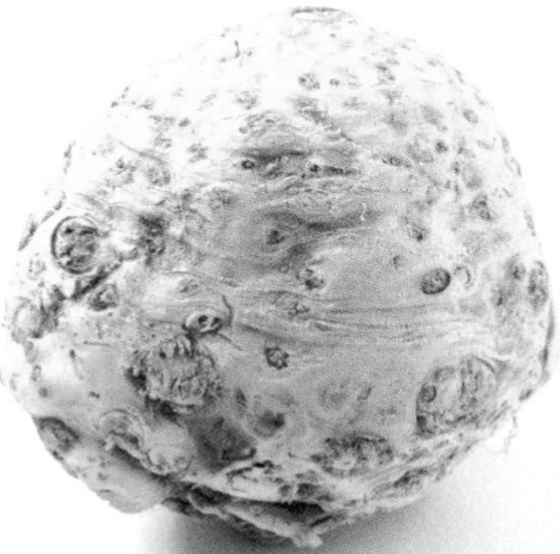

샐러리악
500g

생크림
50ml

연어알
2테이블스푼

올리브오일
2테이블스푼

소금, 후추

준비 : 20분
조리 : 45분

- **샐러리악**의 껍질을 벗긴 다음 깍둑 썰어 소금을 넣은 끓는 물에 35분간 삶는다.
- 물을 따라낸 다음, **생크림**을 넣고 다시 10분간 끓인다. 소금, 후추로 간한 뒤 믹서로 갈아 식힌다.
- 개인용 컵이나 볼에 **샐러리악** 크림을 담고, 그 위에 **연어알**을 올린다. **올리브오일**을 살짝 둘러준 뒤 서빙한다.

참기름을 뿌린 콜리플라워 크림 CRÈME DE CHOU-FLEUR, HUILE DE SÉSAME

콜리플라워
500g

생크림
1테이블스푼

참깨
2티스푼

참기름
4티스푼

소금, 후추

준비 : 15분
조리 : 40분

- **콜리플라워**를 작게 잘라 냄비에 넣고, 잠길 정도로 물을 부은 뒤 약한 불에 40분간 익힌다.
- 핸드믹서로 간 다음, **생크림**을 넣어 섞고 나서 소금, 후추로 간한다. 개인용 볼에 담고, **참깨**를 뿌린 다음 **참기름**을 살짝 둘러 서빙한다.

주키니 호박과 바질 가스파초 GASPACHO DE COURGETTES AU BASILIC

바질
1단

주키니 호박
4개

페스토*
3티스푼

올리브오일
6테이블스푼

소금, 후추

준비 : 10분
조리 : 30분

- **바질**을 씻어 잎만 떼어놓는다. **주키니 호박**은 씻어서 적당히 자른 다음 냄비에 물 250ml와 함께 넣고 30분간 익힌다.
- 익힌 **주키니 호박**에 **페스토**와 **올리브오일, 바질**의 3/4을 넣고 핸드믹서로 간다. 소금, 후추로 간하고 식힌다.
- 개인용 볼에 담고 나머지 **바질 잎**을 얹어 서빙한다.

* pesto : 마늘, 바질, 잣, 올리브오일, 파르메산 치즈를 넣고 갈아 만드는 이탈리아 제노아의 대표적인 소스.

토마토와 붉은 피망 가스파초 GASPACHO TOMATES ET POIVRONS

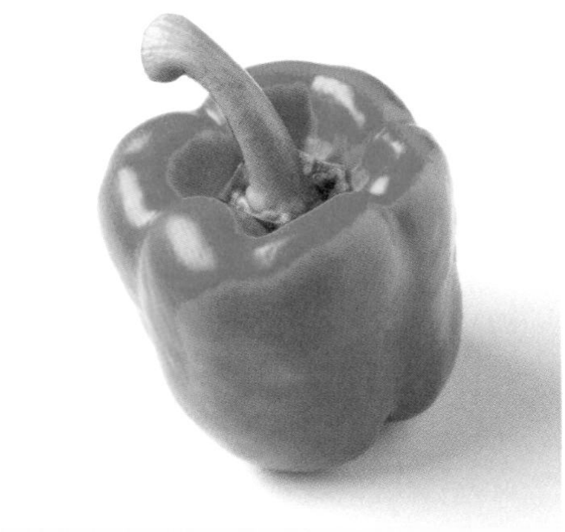

붉은 피망
2개

오이
1개

올리브오일
6테이블스푼

토마토 콩카세* 통조림
1캔(800g)

식초
4테이블스푼

체리토마토
200g

소금, 후추

준비 : 10분
조리 : 5분

- **피망**의 꼭지를 따고 속의 씨를 제거한 후, 끓는 물에 5분간 데친다.
- **오이**의 껍질을 벗기고 씨를 빼낸 다음 큐브 모양으로 썬다. **체리토마토**를 제외한 모든 재료를 믹서로 간다.
- 소금, 후추로 간하고 **체리토마토**를 2등분해 얹어 서빙한다.

* tomates concassées : 토마토 껍질을 벗기고 씨를 뺀 다음 살만 잘게 썰어 놓은 것.

헤이즐넛을 얹은 호박 크림 CRÈME DE POTIRON À LA NOISETTE

헤이즐넛
20알

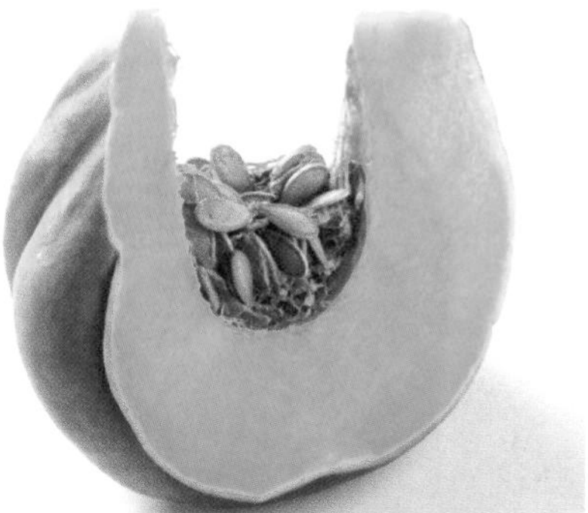

늙은 호박
800g

생크림
200ml

헤이즐넛 오일
4테이블스푼

소금, 후추

준비 : 10분
조리 : 40분

- **헤이즐넛**을 굵직하게 다진다. **호박** 껍질을 벗기고 살만 굵직하게 깍둑 썬다.
- **호박**을 냄비에 넣고, 잠길 만큼 물을 부은 후 35분간 익힌다.
- 여기에 **생크림**과 **헤이즐넛 오일**을 넣고 끓인 다음, 핸드믹서로 갈아준다. 소금, 후추로 간한다. 볼에 담고 **헤이즐넛**을 올린 후 **헤이즐넛 오일**을 살짝 뿌린다.

연어를 넣은 사테 소스 누들 수프 BOUILLON REPAS/SAUMON SAUCE SATAY

브로콜리
250g

가는 쌀국수
70g

치킨 스톡 큐브
½개

사테 소스
2테이블스푼

연어
700g(껍질과 가시를 제거한 필레)

소금, 후추

준비 : 10분
조리 : 7분

- **브로콜리**를 작게 자른다.
- **연어**를 제외한 모든 재료를 냄비에 넣고 물 1.2리터를 붓는다. 잘 저어가며 약한 불에서 5분간 끓인다.
- **연어**를 큐브 모양으로 잘라 넣고 다시 2분간 더 끓인다.
- 큰 볼에 담아 뜨거울 때 서빙한다.

새우 코코넛 커리 누들 수프 BOUILLON REPAS/CREVETTES, COCO, CURRY

타이 바질 잎
20장

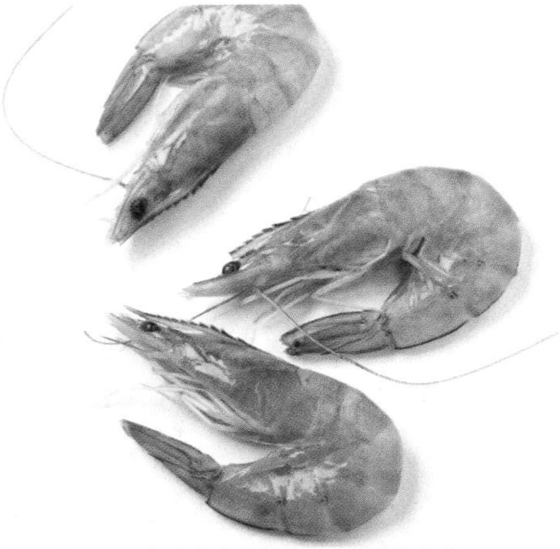

생새우
20마리(껍질 벗긴 것)

가는 쌀국수
80g

치킨 스톡 큐브
½개

커리 가루
2테이블스푼

코코넛 밀크
1리터

소금, 후추

준비 : 10분
조리 : 15분

- **바질**을 씻어 잘게 다진다. **새우** 껍질을 깐다.
- **바질**과 **쌀국수**를 제외한 모든 재료와 물 600ml를 냄비에 넣고 약한 불에서 15분간 끓인다.
- **바질**과 **쌀국수**를 넣는다. 그 상태로 5분간 둔 다음 잘 섞어서 먹는다.

주키니 호박 치킨 수프 BOUILLON REPAS/POULET COURGETTE

바질 잎
20장

주키니 호박
2개

줄기 달린 작은 양파
2개

닭 가슴살
4조각

치킨 스톡 큐브
½개

소금, 후추

준비 : 10분
조리 : 20분

- **바질**을 씻어 잘게 다진다. **주키니 호박**의 양 끝을 잘라내고 동그랗게 썬다. **줄기 양파**도 다듬어 잘게 썬다.
- **닭 가슴살**을 작게 자른다. **바질을** 제외한 모든 재료를 냄비에 넣고 물 1.2리터를 붓는다. 약한 불에 20분간 끓인다.
- 마지막에 **바질**을 넣고 5분간 향이 우러나게 둔다. 잘 섞어서 먹는다.

소고기 머스터드 수프 BOUILLON REPAS/BOEUF, MOUTARDE

체리토마토
20알

소고기 다짐육
300g

치킨 스톡 큐브
½개

디종 머스터드
1테이블스푼

타임(말린 것)
2티스푼

마카로니
80g

소금, 후추

준비 : 10분
조리 : 20분

- **체리토마토**를 씻어서 반으로 자른다. **소고기 다짐육**은 동그랗게 뭉쳐 작은 미트볼을 만든다.
- **소고기 미트볼**을 제외한 모든 재료를 냄비에 넣고 물 1.2리터를 붓는다. 중간중간 저어주며 센 불에서 20분 끓인다.
- 미트볼을 넣고 5분간 둔다. 잘 저어 섞어 먹는다.

구운 염소 치즈 토스트와 샐러드 CHÈVRES CHAUDS SUR SALADE CROQUANTE

그린 아스파라거스
20개

껍질콩
400g

염소 치즈(크로탱 드 샤비뇰)
4개

바게트 빵
8조각

꿀
2테이블스푼

애플 사이다* 비네거
2테이블스푼

소금, 후추

준비 : 15분
조리 : 20분

- 필러로 **아스파라거스** 껍질을 벗기고, **껍질콩**은 양 끝을 다듬고 끓는 소금물에 데쳐 아삭할 정도로만 익힌다.
- **염소 치즈**를 가로로 2등분해 **바게트 조각** 위에 올린 다음 **꿀**을 뿌리고 180℃ 오븐에서 10분간 굽는다.
- 접시에 **아스파라거스**와 **껍질콩**을 담고 **염소 치즈**를 얹은 **바게트 토스트**를 올린 후 **애플 사이다 비네거**를 뿌린다.

* cidre : 프랑스어로 시드르라고 읽는다. 프랑스 노르망디 지역의 특산물로 사과즙을 원료로 한 발효주를 말한다. 일반적으로 알고 있는 청량음료 사이다와는 전혀 다른 사과주이다.

반숙 달걀과 파르메산 치즈를 곁들인 아스파라거스

ASPERGES, PARMESAN, OEUF MOLLET

그린 아스파라거스
20개

올리브오일
4테이블스푼

오렌지
2개

달걀
4개

파르메산 치즈 조각
150g

소금, 후추

준비 : 15분
조리 : 10분

- 필러로 **아스파라거스** 껍질을 벗기고 끓는 소금물에 5분간 데친다. **올리브오일**과 **오렌지 제스트, 오렌지즙**을 섞는다.
- 끓는 물에 **달걀**을 넣고 정확히 5분간 삶아 건져 식힌 다음 껍질을 깐다.
- 접시에 **아스파라거스**를 담고 **달걀**을 얹는다. **오렌지** 드레싱을 뿌리고 **파르메산 치즈**를 얹는다. 소금, 후추로 간한다.

강낭콩 페스토 샐러드 SALADE DE HARICOTS FRAIS AU PESTO

흰 강낭콩
1kg

적양파
2개(작은 것)

페스토*
2테이블스푼

올리브오일
4테이블스푼

생크림
2테이블스푼

바질 잎
8장

소금, 후추

준비 : 10분
조리 : 30분

- **강낭콩** 깍지를 깐다. 콩을 끓는 물에 넣고 30분 정도 삶아 익힌 뒤 불을 끄고 그 상태로 식힌다.
- **양파** 껍질을 벗기고 얇게 썬다.
- **강낭콩**을 물에서 건져 **페스토**, **바질**, **양파**, **올리브오일**, **생크림**과 섞는다. 소금, 후추로 간한다.

* pesto : 마늘, 바질, 잣, 올리브오일, 파르메산 치즈를 넣고 갈아 만드는 이탈리아 제노아의 대표적인 소스.

훈제 연어와 민트를 넣은 멜론 샐러드

MELON AU SAUMON FUMÉ
ET À LA MENTHE

멜론
1개

훈제 연어 슬라이스
4장

민트
4줄기

올리브오일
6테이블스푼

라임
½개

소금, 후추

준비 : 10분

- **멜론**을 큐브 모양으로 썬다. **연어**를 작은 큐브 모양으로 자르고, **민트**는 잎만 따서 가늘게 썬다.
- **연어**, **민트**, **멜론**을 섞는다.
- **올리브오일**과 **라임즙**을 뿌리고 소금, 후추로 간한다.
- 잘 섞어서 2분 정도 맛이 배도록 둔 다음 서빙한다.

토마토, 바질, 멜론 샐러드 SALADE AU MELON, TOMATES ET BASILIC

멜론
1개

체리토마토
20알

올리브오일
4테이블스푼

바질 잎
20장

말린 오레가노 가루
1티스푼

소금, 후추

준비 : 5분

- **멜론**을 큐브 모양으로 썰고, **체리토마토**는 반으로 자른다.
- **올리브오일**과 **바질 잎**, **오레가노**를 잘 섞고, 소금, 후추로 간한 후 먹는다.

훈제 연어를 채워 넣은 아보카도 AVOCATS AU SAUMON FUMÉ

훈제 연어 슬라이스
4장(도톰한 것)

딜
4줄기

라임
2개

올리브오일
4테이블스푼

아보카도
4개(잘 익은 것)

차이브(서양 실파)
1단

소금, 후추

준비 : 10분

- 샐러드 볼에 작은 큐브 모양으로 썬 **훈제 연어**, 다진 **딜**, 잘게 썬 **차이브**를 담고 **라임즙**과 **올리브오일**을 넣어 잘 섞는다. 소금, 후추로 간한다.
- **아보카도**를 반으로 잘라 씨를 뺀다.
- 움푹한 가운데에 양념한 **훈제 연어**를 넣고 즉시 서빙한다.

연어와 타라곤을 넣은 렌틸콩 샐러드

SALADE LENTILLES, SAUMON ET ESTRAGON

그린 렌틸콩
200g

껍질 벗긴 연어 살 토막
200g짜리 2개

타라곤
8줄기

홀그레인 머스터드
1테이블스푼

올리브오일
4테이블스푼

소금, 후추

준비 : 5분
조리 : 25분

- 물을 넉넉히 넣은 냄비에 **렌틸콩**을 넣고 20분간 삶는다.
- 여기에 **연어**를 넣고 젓지 말고 그대로 5분간 더 익힌다. 전부 물에서 건져 식힌다.
- **타라곤**을 씻어 잘게 다진다.
- **연어**를 잘게 잘라 모든 재료를 넣고 **렌틸콩**과 섞은 다음 소금, 후추로 간해서 먹는다.

연어와 래디시를 넣은 타불리 TABOULÉ AU SAUMON ET RADIS

붉은 래디시
8개

민트 잎
20장

레몬
2개(또는 레몬즙 4테이블스푼)

껍질 벗긴 연어 살 토막
200g짜리 2개

쿠스쿠스(입자 가는 것)
4테이블스푼

올리브오일
4테이블스푼

소금, 후추

준비 : 10분
휴지 : 25분

- **래디시**를 씻어서 얇게 썬다.
- **민트 잎**도 씻어서 가늘게 채 썰고, **레몬**은 즙을 짜 놓는다. **연어**를 작은 큐브 모양으로 자른다.
- **쿠스쿠스**와 **래디시**, **연어**, **민트**, **레몬즙**과 **올리브오일**을 잘 섞는다. 소금, 후추로 간하고 냉장고에 25분간 넣어 **쿠스쿠스**를 불린 다음, 차갑게 서빙한다.

바질을 넣은 로스트 비프 샐러드 SALADE DE BOEUF RÔTI AU BASILIC

바질
1단

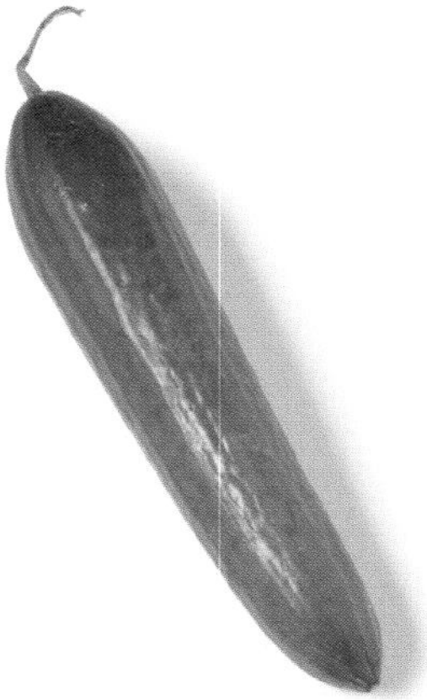

오이
¼개

미리 익힌 로스트 비프
400g

올리브오일
2테이블스푼

간장
1테이블스푼

후추

준비 : 15분
조리 : 5분

- **바질**을 씻어서 잎만 떼어 놓는다. **오이**는 아주 얇게 썬다.
- **로스트 비프**를 얇게 슬라이스한 다음, **오이**, **바질**과 섞는다.
- **올리브오일**과 **간장**을 넣어 섞은 다음 서빙한다.

타이 샐러드 SALADE THAÏE

고수
1단

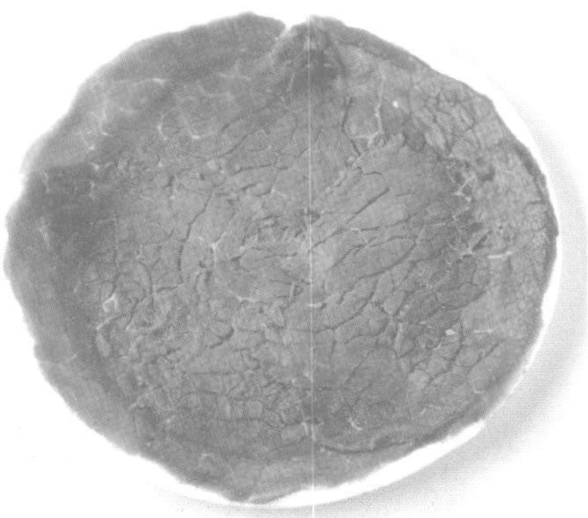

얇게 자른 소고기(카르파초)
400g(4인분)

참깨
2테이블스푼

라임
2개

간장
4테이블스푼

청고추
1개(작은 것)

준비 : 10분
조리 : 1분

- **고수**를 씻어서 다진다. 팬에 기름을 1스푼 두르고 **소고기**를 센 불에 1분간 재빨리 익힌다.
- 식힌 후 **참깨**와 **라임즙**, **고수**, **간장**, 다진 **청고추**를 모두 넣고 섞는다. 쌀밥을 곁들여 먹으면 좋다.

로크포르 샐러드 SALADE AU ROQUEFORT

샬롯
4개(큰 것)

밀가루
100g

쉬크린 양상추
4개

로크포르(Roquefort) 치즈
150g

호두 오일
8테이블스푼

애플 사이다* 비네거
4테이블스푼

소금, 후추 + 튀김용 기름

준비 : 20분
조리 : 5분

- **샬롯**의 껍질을 벗겨 얇게 썬 다음, 밀가루에 묻혀 튀겨낸다.
- **양상추**를 4등분으로 자른다. **로크포르 치즈**는 작게 잘라 놓는다.
- 볼에 모든 재료를 넣고 **오일**과 **비네거**를 넣고 섞는다. 소금, 후추로 간한다.

* cidre : 프랑스어로 시드르라고 읽는다. 프랑스 노르망디 지역의 특산물로 사과즙을 원료로 한 발효주를 말한다. 일반적으로 알고 있는 청량음료 사이다와는 전혀 다른 사과주이다.

살구와 닭 간 샐러드 SALADE DE FOIES DE VOLAILLE À L'ABRICOT

살구
8개

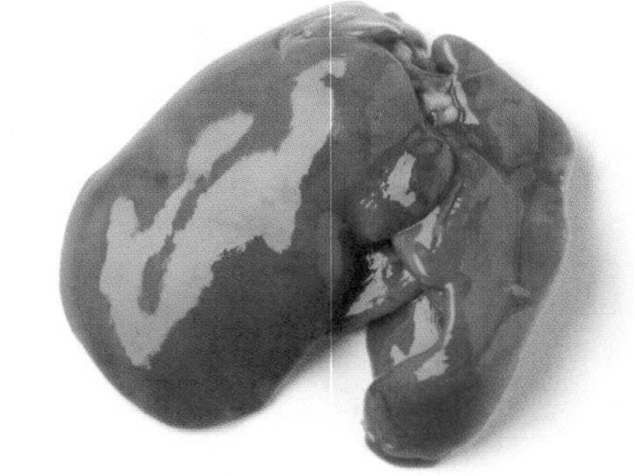

닭 간
8개

루콜라
2줌(약 80g)

올리브오일
4테이블스푼

발사믹 식초
2테이블스푼

소금, 후추

준비 : 10분
조리 : 2분

- **살구**를 반으로 잘라 씨를 뺀다. **닭 간**은 반으로 잘라 놓고, **루콜라**는 씻어 건져 물기를 빼 놓는다.
- 큰 팬에 **오일**을 달군 뒤 **닭 간**을 1분간 익히고 뒤집는다. **살구**와 **발사믹 식초**를 넣고 1분 더 익힌다. **루콜라**와 곁들여 접시에 담아 서빙한다.

푸아그라와 살구를 넣은 마카로니

COQUILLETTES AU FOIE GRAS
ET ABRICOT

익힌 푸아그라 테린
160g(통조림 또는 냉동)

건살구
8개

마카로니
300g

버터
50g

소금, 후추

준비 : 10분
조리 : 15분

- **푸아그라**와 **살구**를 균일한 크기의 작은 큐브 모양으로 썬다.
- 소금을 넣은 끓는 물에 **마카로니**를 넣어 삶는다. 건져서 팬에 놓고, **버터**와 **푸아그라**, **살구**를 넣는다.
- 잘 저으면서 5~6분 익히고, 소금, 후추로 간한다.

트레비소 양상추와 헤이즐넛을 넣은 파르팔레

FARFALLES À LA TRÉVISE ET AUX NOISETTES

브로콜리
100g

트레비소 적양상추
150g

헤이즐넛
20알

올리브오일
4테이블스푼

파르팔레 파스타
300g

파르메산 치즈
100g

소금, 후추

준비 : 15분
조리 : 20분

- **브로콜리**를 작게 자르고 **트레비소 적양상추**는 가늘게 송송 썬다. **헤이즐넛**은 굵직하게 눌러 부순다. **올리브오일**을 두른 팬에 모든 재료를 넣고 약한 불에 10분 정도 볶는다. 소금을 넣은 끓는 물에 **파르팔레 파스타**를 넣고 알 덴테로 삶는다.
- **파스타**를 건져 팬에 넣는다. 파스타 삶은 물 1스푼을 넣고 잘게 간 **파르메산 치즈**와 다른 재료와 함께 섞는다. 소금, 후추로 간하며 5분간 잘 섞으며 데운다.

녹색 채소 파르팔레 FARFALLES AUX LÉGUMES VERTS

주키니 호박
1개

그린 아스파라거스
10개

완두콩
200g(생두 또는 냉동)

올리브오일
4테이블스푼

파르팔레 파스타
300g

차이브(서양 실파)
1단

소금, 후추

준비 : 15분
조리 : 20분

• **주키니 호박**을 동그랗게 썬다. 필러로 **아스파라거스**의 껍질을 벗기고 반으로 자른다.
팬에 **올리브오일**을 달구고 채소를 10분 정도 볶는다.

• 끓는 물에 소금을 넣고 **파르팔레 파스타**를 알 덴테로 삶는다. 건져서 채소를 볶은 팬으로 옮긴 다음, **파스타** 삶은 물 1스푼과 잘게 썬 **차이브**를 넣고 흔들어가며 5분간 데운다. **파르메산 치즈**를 뿌려 서빙한다.

정어리 푸실리 FUSILLIS À LA SARDINE

귤
2개

잣
30g

푸실리 파스타
300g

올리브오일에 절인 정어리 캔
2개

건포도
30g

소금, 후추

준비 : 10분
조리 : 15분

- **귤**의 껍질을 벗기고 작게 잘라둔다.
- 팬에 기름을 두르지 말고 **잣**을 노릇하게 로스팅한다.

끓는 물에 소금을 넣고 **파스타**를 알 덴테로 삶는다.

- **파스타**를 건져 팬에 넣고 삶은 물을 2테이블스푼 넣는다.

정어리와 캔에 담긴 **오일**, **건포도**와 **귤**을 모두 넣는다.

- 잘 섞으며 데운 다음 **잣**을 뿌려 서빙한다.

햄 마카로니 그라탱 GRATIN DE MACARONIS AU JAMBON

마카로니
300g

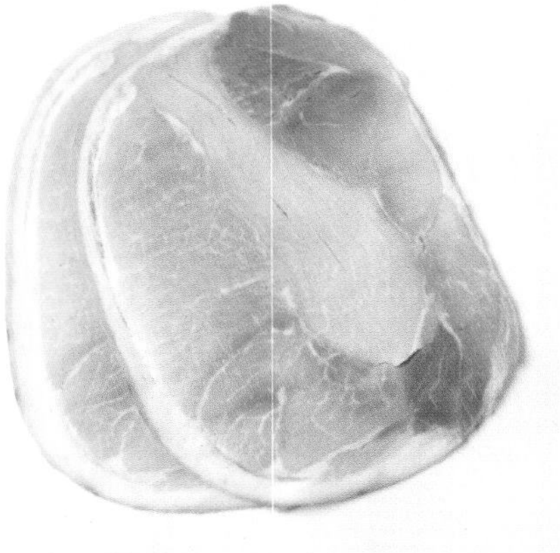

햄
250g

가늘게 간 치즈
150g

생크림
400ml

소금, 후추

준비 : 5분
조리 : 45분

- 오븐을 180℃로 예열한다. 끓는 물에 소금을 넣고 **마카로니**를 알 덴테로 삶는다. 건져서 그라탱 용기에 옮겨 담는다.
- 잘게 썬 **햄**과 간 **치즈**, **크림**을 넣고 소금, 후추로 간한다. 잘 섞어준 뒤 오븐에 넣어 35분간 익힌다. 치즈가 녹아 그라탱처럼 노르스름하게 구워지면 꺼내서 따뜻할 때 샐러드와 함께 먹는다.

가지 리가토니 아라비아타 RIGATONIS ARABIATA À L'AUBERGINE

가지
1개(큰 것)

올리브오일
4테이블스푼

초리조* 슬라이스
8장

말린 오레가노 가루
2테이블스푼

리가토니 파스타
300g

소금, 후추

준비 : 10분
조리 : 20분

• **가지**를 먹기 좋은 크기로 썰어 팬에 **올리브오일**을 두른 다음 센 불에 빨리 볶는다. 여기에 **초리조**와 **오레가노**를 넣고 잘 저으면서 20분 정도 색이 나게 볶는다.

• 끓는 물에 소금을 넣고 **리가토니 파스타**를 알 덴테로 삶는다. 건져서 팬에 옮긴 후 파스타 삶은 물을 1테이블스푼 넣는다. 재료를 모두 5분간 잘 섞으며 데운 다음 소금과 후추로 간한다.

* chorizo : 매콤한 맛이 나는 스페인의 건조 소시지.

오리 콩피 리가토니 RIGATONIS AU CONFIT DE CANARD

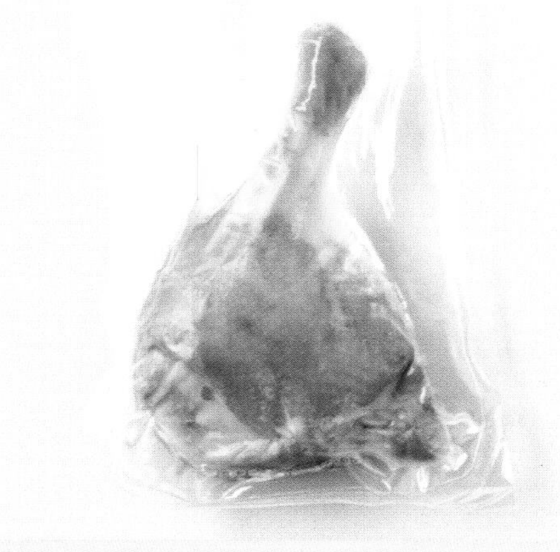

오리 다리 콩피*
2개

양송이버섯
300g

마늘
2톨

리가토니 파스타
300g

차이브(서양 실파)
1단

파르메산 치즈 간 것
100g

소금, 후추

준비 : 10분
조리 : 25분

• **오리 다리**의 살을 껍질과 함께 다진다. 팬에 얇게 썬 **양송이버섯**과 다진 **마늘**을 함께 넣고 10분 정도 볶는다.

• 끓는 물에 소금을 넣고 **리가토니 파스타**를 알 덴테로 삶는다. 건져서 팬에 옮긴 후 파스타 삶은 물을 1테이블스푼 넣는다. **파르메산 치즈**와 잘게 썬 **차이브**, 볶아놓은 **오리 살**과 채소를 모두 잘 섞으면서 2분간 익히며 간한다.

* confit : '콩피'는 프랑스어로 약한 불로 서서히 오래 졸여 익힌 상태를 말한다. 고기를 거의 녹을 때까지 조리 과정에서 흘러나오는 기름에 서서히 익힌 뒤, 지방에 담가 상하지 않도록 봉인한 저장 음식이다.

성대를 넣은 펜네 PENNE AUX ROUGETS

올리브오일
4테이블스푼

적양파
2개

성대* 필레
4장(생물 또는 냉동)

말린 오레가노 가루
1테이블스푼

펜네 파스타
300g

소금, 후추

준비 : 15분
조리 : 20분

- 팬에 **올리브오일**을 달구고 얇게 채 썬 **적양파**를 약 2분간 색이 나게 볶는다. 작게 썬 **생선 필레**와 **오레가노**를 넣고 잘 섞으며 10분간 더 익힌다.
- 끓는 물에 소금을 넣고 **펜네 파스타**를 알 덴테로 삶는다. 건져서 팬에 옮긴 후 파스타 삶은 물을 2테이블스푼 넣는다.
- **성대**와 잘 섞어 데운 후 서빙한다.

* rouget : 루제, 노랑 촉수.

늙은 호박과 호두를 넣은 펜네 PENNE AU POTIRON ET NOIX

늙은 호박
1쪽(약 400g)

호두 오일
4테이블스푼

펜네 파스타
400g

호두
10알

파르메산 치즈 간 것
100g

소금, 후추

준비 : 5분
조리 : 45분

- **늙은 호박**에 **호두 오일**을 2테이블스푼 뿌려 180℃ 오븐에 넣고 35분간 굽는다.
- **펜네 파스타**를 알 덴테로 삶는다. 익힌 **호박**을 포크로 으깨고, **호두**는 굵게 다진다.
- **호박**과 **호두 오일** 2테이블스푼, **펜네**, **호두**를 모두 팬에 넣고 골고루 섞으며 3분 정도 데운다. 소금, 후추로 간을 맞추고, 잘게 간 **파르메산 치즈**를 뿌린다.

붉은 피망과 바질을 넣은 펜네 PENNE AU POIVRON ET BASILIC

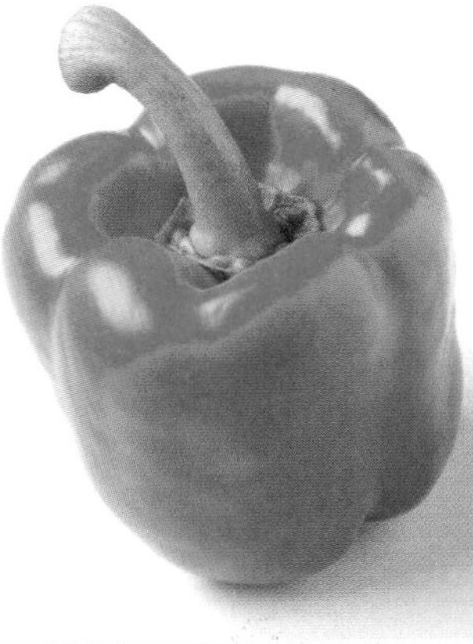

붉은 피망
2개

마늘
4톨

펜네 파스타
300g

파르메산 치즈
100g

바질 잎
30장

소금, 후추

준비 : 20분
조리 : 40분

- **피망**을 작게 썰고, **마늘**의 껍질을 깐다. 모두 냄비에 넣은 다음, 물 300ml를 붓고 25분간 끓인다. 핸드믹서로 간다.
- 끓는 물에 소금을 넣고 **펜네 파스타**를 알 덴테로 삶아 건진다. **파스타**를 팬에 넣고 피망 퓌레와 **파르메산 치즈** 간 것, **바질**과 잘 섞는다. 소금, 후추로 간하고 5분 정도 데워 서빙한다.

꼬막 스파게티 SPAGHETTIS AUX COQUES

꼬막
1.5리터

올리브오일
4테이블스푼

마늘
4톨

이탈리안 파슬리
8줄기

스파게티
300g

소금, 후추

준비 : 15분
조리 : 25분

- 팬에 **올리브오일**을 달구고 **꼬막**을 볶아 입을 열게 한다. **마늘**과 다진 **파슬리**를 넣고 잘 섞는다.
- 끓는 물에 소금을 넣고 **스파게티**를 알 덴테로 삶는다.
- 건져서 팬에 넣고 **꼬막**과 섞어 5분간 볶는다. 소금과 후추로 간한다.

보타르가* 스파게티 SPAGHETTIS À LA POUTARGUE

스파게티
300g

생크림
200ml

보타르가
200g

올리브오일
4테이블스푼

소금, 후추

준비 : 5분
조리 : 15분

- 끓는 물에 소금을 넣고 **스파게티**를 알 덴테로 삶는다.
- 건져서 팬에 옮긴 후 스파게티 삶은 물 2테이블스푼, **크림**, 칼로 다진 **보타르가**를 넣는다.
- 소금, 후추로 간하고 5분간 데운다. 우묵한 접시에 담고, **올리브오일**을 뿌린다.

* bottarga : 숭어나 참치의 어란을 소금에 절여 건조한 것.

오렌지와 아스파라거스 스파게티 SPAGHETTIS AUX ASPERGES ET À L'ORANGE

그린 아스파라거스
10개

오렌지
1개

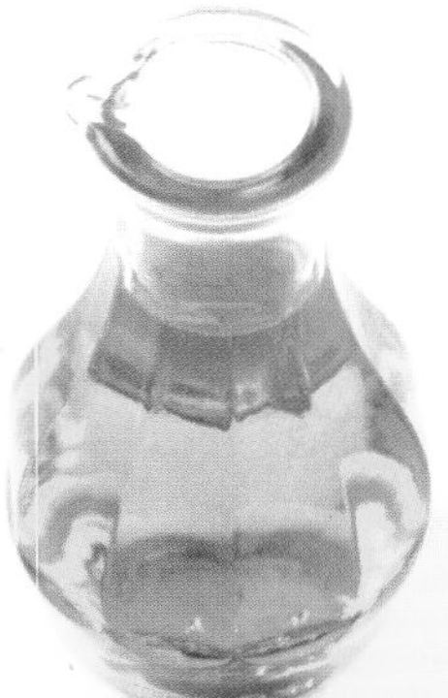

올리브오일
4테이블스푼

스파게티
300g

파르메산 치즈
100g

소금, 후추

준비 : 10분
조리 : 15분

- **아스파라거스**의 질긴 밑동을 잘라내고, 반으로 자른다.
- **오렌지** 껍질을 흰 부분까지 한 번에 벗기고, 과육만 잘라둔다. 팬에 **올리브오일**을 두르고 **아스파라거스**를 10분간 볶아 익힌다.
- 끓는 물에 소금을 넣고 **스파게티**를 알 덴테로 삶은 후 건져내어 **아스파라거스**를 볶은 팬에 넣고, **파르메산 치즈**, **오렌지**와 골고루 섞으며 5분간 데운다. 소금, 후추로 간한다.

체리토마토 볼로네제 스파게티

BOLOGNAISE À LA TOMATE CERISE

스파게티
300g

올리브오일
2테이블스푼

양파
2개

소고기 다짐육
400g

체리토마토
250g

바질 잎
20장

소금, 후추

준비 : 10분
조리 : 45분

- 끓는 물에 소금을 넣고 **스파게티**를 알 덴테로 삶아 건져둔다.
- 냄비에 **올리브오일**을 달구고 얇게 채 썬 **양파**를 색이 나게 볶는다.
- 작게 자른 **체리토마토**와 물 500ml를 넣고 약한 불에서 30분 정도 끓인다. 여기에 **소고기 다짐육**과 **스파게티**, **바질**을 넣고 5분간 더 익힌다. 접시에 담고 **파르메산 치즈**를 뿌려 먹는다.

게살 카르보나라 스파게티 SPAGHETTIS CARBONARA AU CRABE

고수
1단

스파게티
300g

달걀
2개

생크림
250ml

커리 가루
1테이블스푼

게살 통조림
2개

소금, 후추

준비 : 15분
조리 : 25분

• **고수**를 씻어서 다진다. 끓는 물에 소금을 넣고 **스파게티**를 알 덴테로 삶는다.

달걀노른자와 **크림, 커리 가루, 게살**을 거품기로 잘 혼합한다.

• 삶은 **스파게티**를 건져 팬에 넣는다. 혼합해둔 **크림**을 넣고 센 불에서 2분 정도 데우면서 섞어 소스가 농도 있게 잘 섞이도록 한다. **고수**를 넣고, 소금, 후추로 간한다.

토마토 리소토 RISOTTO À LA TOMATE

아르보리오 쌀
400g(리소토용)

육수
500ml

화이트 와인(단맛 없는 것)
1잔(150ml)

올리브오일
6테이블스푼

체리토마토
250g

파르메산 치즈
100g

소금, 후추

준비 : 5분
조리 : 25분

- 냄비에 **쌀**, **육수**, **화이트 와인**, **올리브오일** 3테이블스푼, 반으로 썬 **체리토마토**를 모두 넣는다.
- 주걱으로 계속 저으며, **육수**가 전부 흡수될 때까지 약한 불에 익힌다.
- **쌀**은 푹 익지 않고 약간 단단한 심이 남아 있는 상태여야 한다.
- **파르메산 치즈**를 뿌린 다음, 나머지 **올리브오일** 3테이블스푼을 넣고 잘 저어 걸쭉해지게 섞는다.

사프란 리소토 RISOTTO AU SAFRAN

아르보리오 쌀
400g(리소토용)

육수
500ml

화이트 와인(단맛 없는 것)
1잔(150ml)

올리브오일
6테이블스푼

사프란
15가닥

파르메산 치즈
100g

소금, 후추

준비 : 5분
조리 : 25분

- 냄비에 **쌀**, **육수**, **화이트 와인**, **올리브오일** 3테이블스푼, **사프란을** 모두 넣는다.
- 주걱으로 계속 저으며. **육수**가 전부 흡수될 때까지 약한 불에 익힌다.
- **쌀**은 푹 익지 않고 약간 단단한 심이 남아 있는 상태여야 한다.
- **파르메산 치즈**를 뿌린 다음, 나머지 **올리브오일** 3테이블스푼을 넣고 잘 저어 걸쭉해지게 섞는다.

새우와 돼지고기를 넣은 볶음밥 RIZ FRIT AUX CREVETTES ET AU PORC

익힌 새우
8마리

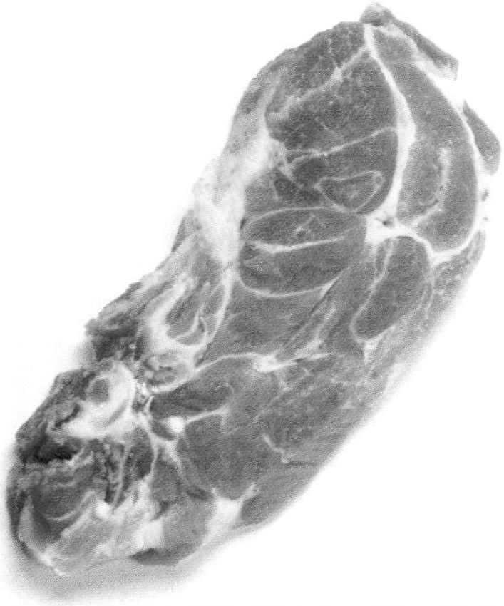

돼지고기(목심)
2조각

생강
80g

간장
8테이블스푼

커리 가루
2테이블스푼

쌀밥
400g

후추

준비 : 20분
조리 : 25분

- **새우**의 껍질을 까고, **돼지고기**를 작게 자른다.
중국 팬(웍)에 4테이블스푼의 기름을 달구고 **돼지고기**를 센 불에 볶는다.
- **새우**, **생강 간 것**, **밥**, **커리 가루**, **간장**을 모두 넣고, 잘 섞어주며 **밥**이 고슬고슬해지고 색이 잘 배도록 센 불에 볶는다. 소금으로 간을 맞추고, 후추를 뿌려 먹는다.

양송이 피자 PIZZAS AUX CHAMPIGNONS DE PARIS

피자 도우 반죽
2덩어리(냉동)

생크림
8테이블스푼

시금치
200g

양송이버섯
16개(큰 것)

레몬 콩피*
4개

올리브오일
8테이블스푼

소금, 후추

준비 : 15분
조리 : 25분

• 오븐을 220℃로 예열한다. **피자 반죽**을 밀어 오븐팬에 놓는다.
• **크림**을 반죽 위에 펴 바르고, **시금치**와 얇게 썬 **양송이버섯**의 분량의 반을 얹은 다음 **레몬 콩피** 껍질을 작은 큐브 모양으로 잘라 뿌린다. 오븐에 넣어 25분간 굽는다. 오븐에서 꺼낸 뒤, 나머지 시금치와 양송이를 얹고 **올리브오일**을 뿌린다. 소금, 후추로 간한다.

* citrons confits : 소금에 절여 저장한 레몬.

피망을 넣은 매콤한 피자 PIZZAS PIQUANTES AU POIVRON

피자 도우 반죽
2덩어리(냉동)

붉은 피망
4개

초리조* 슬라이스
16장

민트
4줄기

올리브오일
8테이블스푼

소금, 후추

준비 : 15분
조리 : 25분

- 오븐을 220℃로 예열한다. **피자 반죽**을 밀어 오븐팬에 놓는다. 가늘게 썬 **피망**과 **초리조** 슬라이스를 반죽 위에 얹는다.
- 오븐에 넣어 25분간 굽는다. 오븐에서 꺼낸 뒤, **민트** 잎을 얹고 **올리브오일**을 뿌린다. 소금, 후추로 간한다.

* chorizo : 매콤한 맛이 나는 스페인의 건조 소시지.

토마토와 체리 피자 PIZZAS TOMATES ET CERISES

피자 도우 반죽
2덩어리(냉동)

타프나드*
2테이블스푼

체리토마토
24개

체리
40개(냉동)

바스크 치즈
100g(Etorki® 치즈류)

올리브오일
2테이블스푼

소금, 후추

준비 : 15분
조리 : 25분

- 오븐을 220℃로 예열한다. **피자 반죽**을 밀어 오븐팬에 놓는다.
- 반죽 위에 **타프나드**를 펴 바르고, 반으로 자른 **체리토마토**와 **체리**를 얹는다.
- 가늘게 간 **바스크 치즈**를 뿌리고, 오븐에 넣어 25분간 굽는다. 오븐에서 꺼낸 뒤, 소금, 후추로 간하고 **올리브오일**을 두른다.

* tapenade : 블랙올리브와 안초비, 케이퍼, 마늘을 갈아 만든 프로방스의 대표적 페이스트.

타임 향의 토마토와 염소 치즈 쇼송 CHAUSSONS AU CHÈVRE, TOMATES ET THYM

피자 도우 반죽
2덩어리(냉동)

염소 치즈(크로탱 드 샤비뇰)
4개

토마토
2개(중간 크기)

올리브오일
4테이블스푼

타임
4줄기

소금, 후추

준비 : 15분
조리 : 25분

- 오븐을 220℃로 예열한다. **피자 반죽**을 네 덩어리로 나누어 밀어 편다. 각 반죽의 중앙에 **염소 치즈** 한 개와 얇게 썬 **토마토** 반 개분을 놓는다.
- 소금, 후추로 간하고 **올리브오일**을 뿌린다. **타임**을 잎만 떼어 뿌리고 반죽을 반으로 접는다.
- 손가락으로 꾹꾹 눌러 가장자리를 잘 붙이고 오븐에 넣어 25분간 굽는다. 오븐에서 꺼내 5분간 두었다가 샐러드와 곁들여 먹으면 좋다.

민들레 잎과 배를 얹은 프로슈토 피자

PIZZAS JAMBON, PISSENLIT ET POIRE

피자 도우 반죽
2덩어리(냉동)

생크림
4테이블스푼

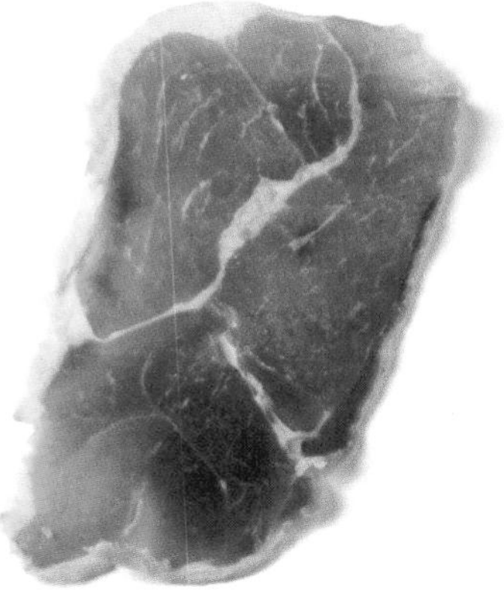

생 햄(프로슈토) 슬라이스
8장

민들레 잎
200g

배
2개

올리브오일
2테이블스푼

소금, 후추

준비 : 15분
조리 : 25분

- 오븐을 220℃로 예열한다. **피자 반죽**을 밀어 오븐팬에 놓고, **생크림**을 펴 바른 다음 **프로슈토**를 적당히 잘라 얹는다.
- 오븐에서 25분간 구워낸다. 꺼낸 다음 **민들레 잎**과, 얇게 썬 **배**를 얹고 소금, 후추로 간한다. **올리브오일**을 둘러 낸다.

주키니 호박과 프로슈토를 얹은 페스토 피자 PIZZAS COURGETTES, JAMBON AU PESTO

피자 도우 반죽
2덩어리(냉동)

페스토*
2테이블스푼

주키니 호박
2개

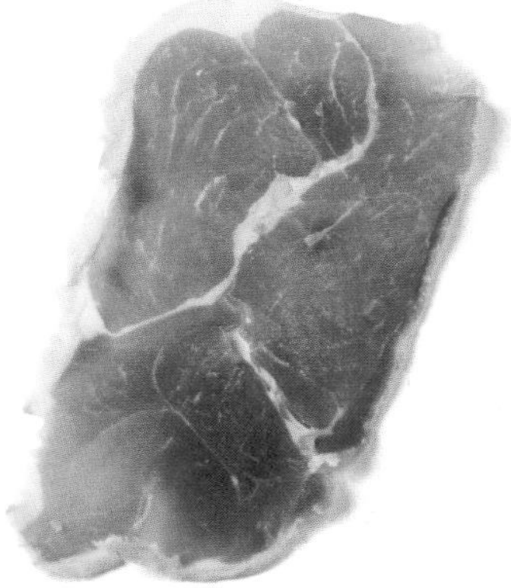

생 햄(프로슈토) 슬라이스
8장

올리브오일
4테이블스푼

소금, 후추

준비 : 15분
조리 : 25분

- 오븐을 220℃로 예열한다. **피자 반죽**을 밀어 오븐팬에 놓는다.
- 반죽 위에 **페스토** 소스를 펴 바르고, 필러로 길게 저민 **주키니 호박**과 **프로슈토**를 교대로 놓는다.
- **올리브오일**을 뿌리고 소금, 후추로 간한 다음 오븐에 넣어 25분간 굽는다. 오븐에서 꺼내 따뜻할 때 먹는다.

* pesto : 마늘, 바질, 잣, 올리브오일, 파르메산 치즈를 넣고 갈아 만드는 이탈리아 제노아의 대표적인 소스.

대추야자를 넣은 오리 파이 TOURTE AU CANARD ET DATTES

대추야자
10개

돼지고기 다짐육
50g

코냑
50ml

익힌 푸아그라 테린
100g

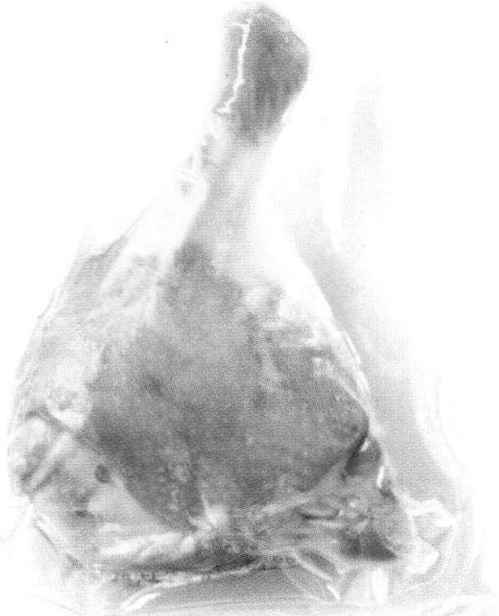

오리 다리 콩피*
4개

퍼프 페이스트리(파트 푀이유테)
2장

소금, 후추

준비 : 15분
조리 : 40분

• 오븐을 180℃로 예열한다. **대추야자**를 잘게 자른다. **대추야자**와 **다짐육**, **코냑**, 큐브로 썬 **푸아그라**, 뼈를 발라내고 다진 **오리 다리** 살을 모두 혼합한다.

• **퍼프 페이스트리** 반죽을 밀어 중앙에 속을 채운 다음, 다른 한 장의 페이스트리로 덮어 가장자리를 잘 눌러 붙인다. 오븐에 40분간 굽는다. 따뜻할 때 샐러드를 곁들여 먹으면 좋다.

* confit : '콩피'는 프랑스어로 약한 불로 서서히 오래 졸여 익힌 상태를 말한다. 고기를 거의 녹을 때까지 조리 과정에서 흘러나오는 기름에 서서히 익힌 뒤, 지방에 담가 상하지 않도록 봉인한 저장 음식이다.

파르메산 치즈를 얹은 대파 타르트

TARTE POIREAUX ET PARMESAN

대파(리크)
5개(작은 것)

퍼프 페이스트리(파트 푀이유테)
1장

파르메산 치즈 조각
100g

생크림
2테이블스푼

올리브오일
2테이블스푼

소금, 후추

준비 : 15분
조리 : 40분

- 오븐을 180℃로 예열한다. **대파**의 끝을 다듬고 세로로 자른 다음 흐르는 물에 깨끗이 씻는다.
- 타르트 용기에 **페이스트리** 반죽을 펴 넣고, **대파**를 올린 다음 **파르메산 치즈**와 **생크림**으로 덮고 **올리브오일**을 뿌린다.
- 소금, 후추로 간하고 오븐에서 40분간 굽는다. 그린 샐러드를 곁들여 따뜻할 때 먹는다.

체리토마토 머스터드 미니 타르트

TARTELETTES TOMATES
CERISE MOUTARDE

퍼프 페이스트리(파트 푀이유테)
1장

디종 머스터드
4테이블스푼

여러 가지 색의 체리토마토
32개

올리브오일
4테이블스푼

타임
4줄기

소금, 후추

준비 : 10분
조리 : 35분

- 오븐을 180℃로 예열한다. **퍼프 페이스트리**를 밀어 미니 타르트 틀로 4개의 원형을 찍어낸다.
- 타르트 틀에 **페이스트리 반죽**을 놓고, **머스터드** 1스푼과 반으로 자른 **체리토마토** 8개를 채워 넣은 다음 **올리브오일** 1테이블스푼을 뿌린다.
- **타임**의 잎만 떼어 뿌리고 소금, 후추로 간하여 오븐에서 35분간 굽는다. 따뜻하게 먹어도, 차게 먹어도 좋다.

훈제 연어와 사과를 얹은 리코타 치즈 피자

TARTES FINES AU SAUMON FUMÉ ET POMMES

피자 도우 반죽
2덩어리(냉동)

리코타 치즈
250g

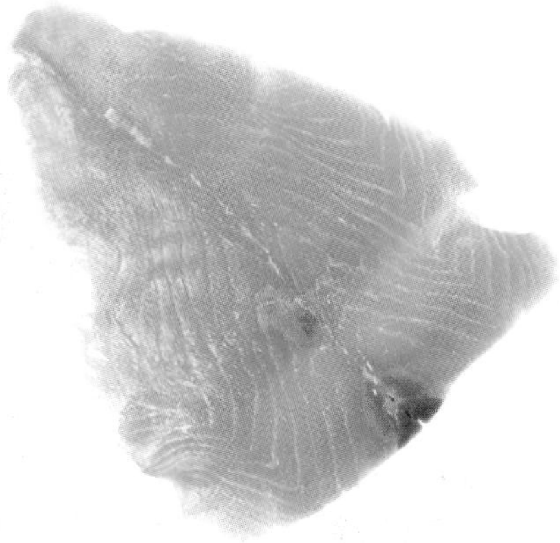

훈제 연어 슬라이스
4장

그린 애플
2개

차이브(서양 실파)
1단

레몬
1개

소금, 후추

준비 : 15분
조리 : 25분

- 오븐을 220℃로 예열한다. **피자 반죽**을 얇게 밀어 오븐팬에 놓고 **리코타 치즈**로 덮어 25분간 굽는다.
- 얇게 구워낸 타르트에 **훈제 연어**와 가는 막대 모양으로 썬 **사과**를 올리고, 잘게 썬 **차이브**를 뿌린다. 소금, 후추로 간하고 **레몬즙**을 뿌려 먹는다.

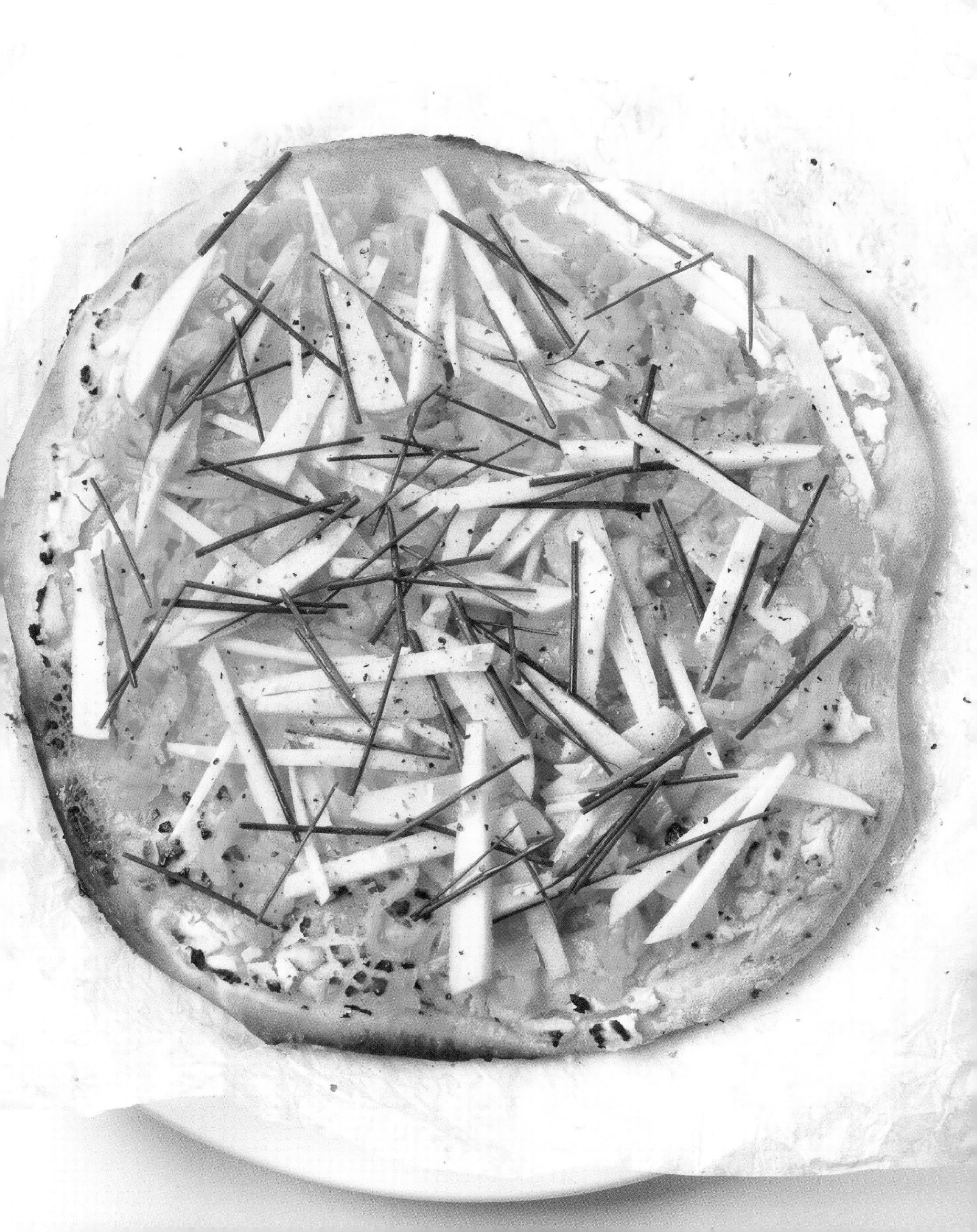

베이컨과 세이지를 올린 타르트 TARTES FINES BACON ET SAUGE

피자 도우 반죽
2덩어리(냉동)

생크림
4테이블스푼

베이컨(얇은 슬라이스)
7장

세이지
2줄기

올리브오일
4테이블스푼

소금, 후추

준비 : 15분
조리 : 25분

- 오븐을 220℃로 예열한다. **피자 반죽**을 얇게 밀어 오븐팬에 놓는다.
- 반죽 위에 **생크림**을 펴 바르고 **베이컨**과 **세이지 잎**을 올린다. 오븐에서 25분간 굽는다.
- 오븐에서 꺼낸 얇은 타르트에 **올리브오일**을 뿌리고 소금, 후추로 간을 맞춰 먹는다.

민트를 넣은 차가운 라타투이 RATATOUILLE FROIDE À LA MENTHE

양파
1개

색이 다른 피망
2개

주키니 호박
2개

가지
1개(작은 것)

올리브오일
6테이블스푼

민트 잎
20장

소금, 후추

준비 : 25분
조리 : 45분

- **양파**를 다지고, **피망**, **주키니 호박**, **가지**를 모두 작은 큐브 모양으로 썬다.
- 냄비에 **올리브오일**을 달구고 채소를 넣어 색이 나지 않게 볶는다. 소금, 후추로 간하고 약한 불에서 45분간 타지 않도록 주의하며 익힌다.
- 식힌 다음, 잘게 썬 **민트 잎**을 넣어 잘 섞는다. 차갑게 식혀 먹는다.

채소 오븐 구이 TIAN DE LÉGUMES

감자
2개(큰 것)

가지
1개

주키니 호박
2개

토마토
3개

타임 말린 것
1테이블스푼

올리브오일
6테이블스푼

소금, 후추

준비 : 15분
조리 : 45분

- 오븐을 180℃로 예열한다. 모든 채소를 얇게 썬다.
- 그라탱 용기에 채소들을 골고루 섞어가며 층층이 쌓는다. 사이사이 소금, 후추와 **타임**, **올리브오일**을 뿌린다.
- 오븐에 넣어 45분간 굽고, 그라탱 용기 그대로 서빙한다.

가지 그라탱 GRATIN D'AUBERGINES

가지
2개

모차렐라 치즈
250g

토마토 콩카세*
300g

파르메산 치즈
100g

올리브오일
2테이블스푼

소금, 후추

준비 : 25분
조리 : 1시간

- 오븐을 180℃로 예열한다. **가지**를 씻어 세로로 길게 자른다. **모차렐라 치즈**는 동그랗게 자른다.
- 그라탱 용기에 **토마토**와 **모차렐라 치즈**, **가지**를 교대로 겹겹이 쌓아준다. 소금, 후추로 간하고 **파르메산 치즈**, **올리브오일**을 뿌린다.
- 오븐에 넣어 1시간가량 익힌 후 샐러드를 곁들여 먹는다.

* tomates concassées: 껍질을 벗기고 씨를 뺀 다음 잘게 썬 토마토 과육. 통조림을 사용해도 된다.

근대 치즈 그라탱 GRATIN DE BLETTES AU FROMAGE

근대(또는 비트 잎)
1kg

생크림
600ml

가늘게 간 치즈
200g

소금, 후추

준비 : 15분
조리 : 30분

• **근대**를 씻어 작게 썰어 끓는 소금물에 5분간 데친 다음 건져 식힌다. **생크림**과 **치즈**를 넣고 섞는다.
• 오븐을 180℃로 예열한다. 혼합한 재료를 소금과 후추로 간한 다음 그라탱 용기에 넣고 오븐에서 30분간 익힌다.
• 그라탱이 노릇하게 익으면 꺼내 그대로 서빙한다.
샐러드를 곁들여 먹는다.

주키니 호박 튀김과 루콜라 샐러드 BEIGNETS DE COURGETTES EN SALADE

루콜라
2줌(약 80g)

주키니 호박
2개

달걀
2개(흰자와 노른자 분리)

밀가루
100g

맥주
1리터

민트 잎
10장

소금, 후추 + 튀김용 기름

준비 : 15분
조리 : 5분

- **루콜라**를 씻어서 물기를 제거하고, **주키니 호박**을 둥글게 썬다.
- **달걀흰자**의 거품을 낸다. **밀가루**, **맥주**, **달걀노른자**를 혼합한다. 여기에 거품 낸 흰자를 넣고 살살 섞는다. 튀김용 기름을 데운다.
- **주키니 호박**에 튀김옷을 입혀 노릇하게 튀긴다. **루콜라**와 가늘게 썬 **민트** 잎을 곁들여 뜨거울 때 서빙한다.

주키니 호박 그라탱 GRATIN DE COURGETTES

주키니 호박
650g

가늘게 간 치즈
200g

소금, 후추

준비 : 5분
조리 : 30분

- 오븐을 180℃로 예열한다. **주키니 호박**을 씻어 채칼로 썬다.
- 그라탱 용기에 **호박**과 **치즈** 간 것을 섞고 소금, 후추로 간한 뒤, 오븐에 넣어 30분간 굽는다.

꿀에 익힌 순무 NAVETS CARAMÉLISÉS AU MIEL

줄기 달린 작은 순무
2단

꿀
12테이블스푼

소금, 후추

준비 : 15분
조리 : 40분

- **순무**의 껍질을 벗기고 소금을 넣은 끓는 물에 30분간 익힌다(아주 말랑하게 푹 익어야 한다).
- 팬에 **꿀**을 데우고 익힌 **순무**를 넣어 센 불에서 6~8분간 골고루 윤기 나게 캐러멜라이즈한다.
- 소금과 후추로 간한다. 오리고기 또는 팬 프라이드 푸아그라에 곁들이면 좋다.

로즈마리 소금을 뿌린 오븐 프렌치프라이

FRITES À LA PEAU AU FOUR
SEL AU ROMARIN

감자
1kg(살이 단단한 것)

올리브오일
6테이블스푼

로즈마리
2줄기

플뢰르 드 셀*
1.5테이블스푼

후추

준비 : 10분
조리 : 30분

- 오븐을 180℃로 예열한다. **감자**를 씻은 후 껍질을 그대로 둔 채 길쭉한 막대 형태로 썬다.
- 오븐팬에 깔고 **올리브오일**을 뿌려, 노르스름하게 익을 때까지 오븐에 30분 정도 굽는다. 중간중간 **감자**를 뒤집는다.
- **로즈마리**를 잘게 다져 **플뢰르 드 셀**과 섞어서 **감자**에 골고루 뿌려 섞는다. 케첩을 곁들여 먹는다.

* fleur de sel: '소금의 꽃'이라는 뜻으로 해안가 염전에서 건조 중인 간수의 표면 위에 뜨는 소금 결정. 고급 소금의 대명사로 통한다.

고구마 프렌치프라이 FRITES DE PATATES DOUCES

아보카도
2개

레몬
2개

고구마
1kg

플뢰르 드 셀*
4티스푼

커리 가루
4티스푼

후추 + 튀김용 기름

준비 : 15분
조리 : 25분

• **아보카도**를 반으로 잘라 씨를 빼내고 껍질을 벗긴다. **레몬즙**을 넣고 살을 으깬 후 소금, 후추로 간을 해 냉장고에 보관한다.

• **고구마**의 껍질을 벗기고 길쭉한 막대 형태로 균일하게 자른다. 기름에 황금색으로 튀겨낸 다음, **소금**과 **커리 가루**를 뿌려 잘 섞는다.

* fleur de sel: '소금의 꽃'이라는 뜻으로 해안가 염전에서 건조 중인 간수의 표면 위에 뜨는 소금 결정. 고급 소금의 대명사로 통한다.

그라탱 도피누아 GRATIN DAUPHINOIS

마늘
2톨

감자
1kg

생크림
400ml

넛맥(육두구) 가루
½티스푼

소금, 후추

준비 : 15분
조리 : 1시간

- 오븐을 170℃로 예열한다. **마늘**의 껍질을 까서 얇게 썬다. **감자**의 껍질을 벗기고 얇게 썬다.
- 그라탱 용기에 얇게 썬 **감자**를 층층이 쌓아 놓고 **마늘**과 **생크림**을 넣는다. 매 켜마다 사이사이에 소금, 후추로 간하고 **넛멕 가루**도 뿌린다. 마지막 맨 위는 **생크림**으로 마무리한다.
- 오븐에 넣어 약 1시간 익힌다. 뜨거울 때 먹는다.

커민 향의 고다 치즈 타르티플레트 TARTIFLETTE AU GOUDA AU CUMIN

양파
1개

감자
4개(큰 것)

라르동(베이컨)
200g

커민 향 고다 치즈
400g

커민
1티스푼

소금, 후추

준비 : 10분
조리 : 30분

- 오븐을 170℃로 예열한다. **양파**의 껍질을 까서 얇게 썬다. **감자**도 껍질을 벗기고 얇게 썬다.
- 그라탱 용기에 얇게 썬 **감자**와 **양파**를 골고루 넣고 **라르동**을 얹는다.
- **고다 치즈**로 덮고 **커민**을 뿌린 후 오븐에 넣어 약 30분 익힌다. 뜨거울 때 서빙한다.

리코타 치즈와 올리브로 속을 채운 피망

POIVRONS FARCIS
RICOTTA ET OLIVES

리코타 치즈
250g짜리 2개

타임 가루
1티스푼

타프나드*
2테이블스푼

녹색 피망
2개(큰 것)

토마토소스
500ml

소금, 후추

준비 : 10분
조리 : 40분

- 오븐을 180℃로 예열한다. **리코타 치즈**와 **타임**, **타프나드**를 잘 혼합한다.
- **피망**을 반으로 잘라 속을 비우고 **리코타-타프나드** 혼합물을 채워 넣는다.
- 오븐 용기에 **토마토소스**와 물 250ml를 섞어 넣고 속 채운 **피망**을 놓는다. 소금, 후추로 간하고 오븐에 넣어 40분간 익힌다. 뜨겁게 먹어도, 차갑게 먹어도 좋다.

* tapenade : 블랙올리브와 안초비, 케이퍼, 마늘을 갈아 만든 프로방스의 대표적 페이스트.

파슬리를 넣은 피망 오븐 구이 POIVRONS AU FOUR EN PERSILLADE

여러 가지 색의 피망
8개

이탈리안 파슬리
8줄기

마늘
6톨

올리브오일
6테이블스푼

소금, 후추

준비 : 20분
조리 : 35분

- **피망**을 180℃ 오븐에 넣고 35분간 익힌다. **파슬리**는 씻어서 굵직하게 다진다. **마늘**도 껍질을 벗겨 다진다.
- 오븐에서 **피망**을 꺼내 껍질을 벗기고 속을 제거한다. **피망**에서 나오는 즙은 볼에 따로 받아둔다. **피망**을 먹기 좋은 크기로 잘라 그 볼에 넣고, **올리브오일**, **마늘**, **파슬리**와 잘 섞어준다. 소금, 후추로 간한다.

늙은 호박 치즈 그라탱 POTIRON GRATINÉ À LA FOURME D'AMBERT

푸름 당베르 치즈*
200g

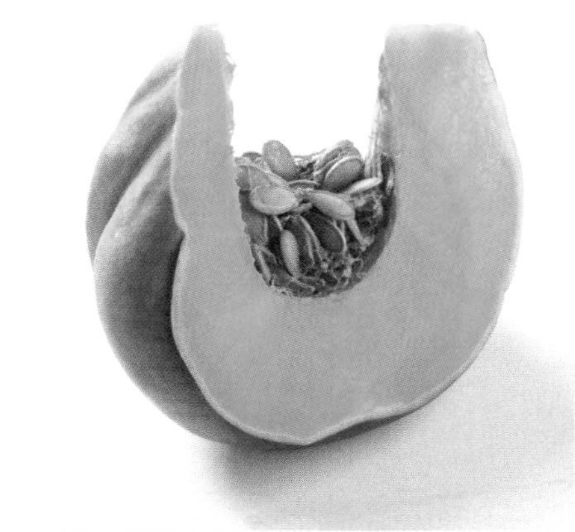

늙은 호박
800g

생크림
2테이블스푼

호두 오일
1테이블스푼

소금, 후추

준비 : 10분
조리 : 45분

- **블루치즈(푸름 당베르)**를 작은 조각으로 자른다.
- **늙은 호박**을 납작하게 썬다.
- 그라탱 용기에 **호박**과 **치즈**를 교대로 켜켜이 쌓아준다.
- **크림**과 **호두 오일**을 넣고 소금, 후추로 간한 다음 170℃ 오븐에 넣고 45분간 익힌다.
- 뜨거울 때 먹는다.

* Fourme d'Ambert : 대표적 블루치즈(푸른곰팡이 치즈) 가운데 하나. 프랑스 오베르뉴 지방의 우유를 써서 숙성시킨 치즈다.

무화과 모차렐라 꼬치

BROCHETTES MOZZARELLA ET FIGUES

루콜라
2줌(약 80g)

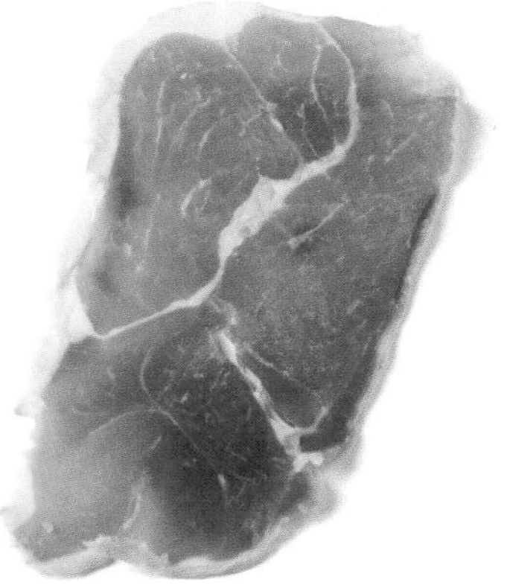

생 햄(프로슈토) 슬라이스
4장

모차렐라 치즈
125g

무화과
4개

올리브오일
4테이블스푼

소금, 후추

준비 : 10분
조리 : 5분

- **오븐**을 180℃로 예열한다. **루콜라**를 씻어 물기를 제거한다. **프로슈토**는 4등분하고, **모차렐라 치즈**를 납작한 조각으로 자른다. **무화과**는 3조각으로 동그랗게 썬다.
- 3가지 재료를 교대로 꼬치에 끼운다. 오븐에 넣어 5분간 굽는다.
- 접시에 **루콜라**를 곁들여 담고, 소금과 후추로 간한다. **올리브오일**을 뿌려 서빙한다.

달걀과 함께 구운 토마토 GROSSES TOMATES CUITES AUX OEUFS

토마토
4개(큰 것)

올리브오일
4테이블스푼

달걀
4개

발사믹 식초
2테이블스푼

소금, 후추

준비 : 5분
휴지 : 15분

- 오븐을 170℃로 예열한다. **토마토**의 윗부분을 뚜껑처럼 자르고 속을 파낸다.
- 오븐 용기에 넣고 **올리브오일**을 뿌린 다음, 예열된 오븐에 넣어 5분간 굽는다.
- 각 **토마토** 안에 **달걀**을 한 개씩 깨트려 넣고 소금과 후추로 간한다. 다시 오븐에 넣어 10분간 굽는다.
- **발사믹 식초**를 살짝 뿌려 먹는다.

대파 치즈 그라탱

POIREAUX GRATINÉS AU REBLOCHON

대파(리크)
400g

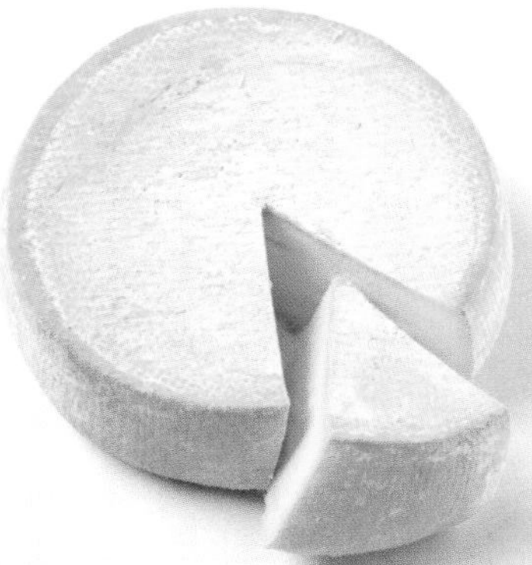

르블로숑 치즈*
250g

소금, 후추

준비 : 10분
조리 : 30분

- 오븐을 180℃로 예열한다. **대파**를 세로로 갈라 흐르는 물에 깨끗이 씻는다. 물기를 제거하고 그라탱 용기에 담는다.
- **르블로숑 치즈**를 납작하게 썰어 대파 위에 얹고 오븐에 넣어 30분간 굽는다.
- 노릇하게 잘 익으면 꺼내서 샐러드를 곁들여 먹는다.

* Reblochon : 프랑스 남동부 사부아 지방의 산악지대에서 생산하는 치즈로 '소의 젖꼭지를 한 번 더 짠다'는 뜻의 'reblocher'에서 유래했다. 이렇게 젖을 두 번 짜면, 더욱 진한 액체를 얻을 수 있는데, 이것을 대량 따로 덜어두었다가 치즈를 만드는 데 쓴다.

배 파르메산 치즈 그라탱 POIRES GRATINÉES AU PARMESAN

배
4개

파르메산 치즈
100g

소금, 후추

준비 : 5분
조리 : 30분

- 오븐을 180℃로 예열한다. **배**의 껍질을 벗기고 먹기 좋은 크기로 자른다. **파르메산 치즈**를 굵직하게 다진다.
- 그라탱 용기에 **배**를 담고 **파르메산 치즈**로 덮은 뒤, 소금을 조금만 넣고 후추를 뿌린 후 오븐에 넣어 30분간 굽는다.
- 샐러드와 같이 먹거나, 닭고기 또는 송아지 로스트에 곁들여 먹으면 좋다.

양고기와 채소 스튜 NAVARIN D'AGNEAU AUX LÉGUMES

소테용 양고기
1.2kg(어깨살, 뒷다리살)

올리브오일
4테이블스푼

타임
2줄기

토마토 콩카세*
1캔(800g)

완두콩
200g(신선 재료 또는 냉동)

깍지완두(스노우 피)
200g

소금, 후추

준비 : 5분
조리 : 1시간 25분

- 냄비에 **올리브오일**을 뜨겁게 달군 후, 적당한 크기로 자른 **양고기**를 색이 나도록 지진다.
- **타임**과 **토마토**를 넣고 소금, 후추로 간한 다음 불을 낮춘다. 뚜껑을 닫고 약한 불에서 1시간 정도 뭉근히 익힌다. **완두콩**과 **깍지완두**를 넣고 20분간 더 끓인다.

* tomates concassées: 껍질을 벗기고 씨를 뺀 다음 잘게 썬 토마토 과육. 통조림을 사용해도 된다.

양고기 감자 스튜 AGNEAU AUX POMMES DE TERRE

감자
2개(큰 것)

양파
2개

토마토
3개

양고기 가슴살(삼겹살)
600g(껍질과 두꺼운 기름은 제거)

타임
2티스푼

화이트 와인
1잔(150ml)

소금, 후추

준비 : 10분
조리 : 2시간

- 오븐을 170℃로 예열한다. **감자**와 **양파**의 껍질을 벗기고 얇게 썬다. **토마토**를 동그랗게 썰고 **양고기**도 적당한 크기로 자른다.
- 오븐 용기에 재료를 모두 넣고 소금, 후추로 간한다. **화이트 와인**과 물 300ml를 넣고 오븐에서 2시간 동안 익힌다. 오븐에서 꺼내 그대로 서빙한다. 샐러드와 곁들여 먹는다.

망고 양고기 꼬치 BROCHETTES D'AGNEAU À LA MANGUE

민트 잎
30장(작은 것)

망고
2개

양고기
800g

올리브오일
4테이블스푼

발사믹 식초
4테이블스푼

소금, 후추

준비 : 10분
조리 : 20분

- 오븐을 180℃로 예열한다. **민트**는 씻어놓는다.
- **망고**의 껍질을 벗기고 적당한 크기로 썬다. **양고기**도 같은 크기로 썬다. 꼬치에 **양고기**와 **망고**를 교대로 끼운다.
- 오븐 브로일러에 꼬치를 20분간 굽는다.
- 접시에 담고 **올리브오일**과 **발사믹 식초**를 뿌린다. **민트**를 얹고 소금, 후추로 간한다.

양 어깨살 오븐 구이

ÉPAULE D'AGNEAU CONFITE AU FOUR

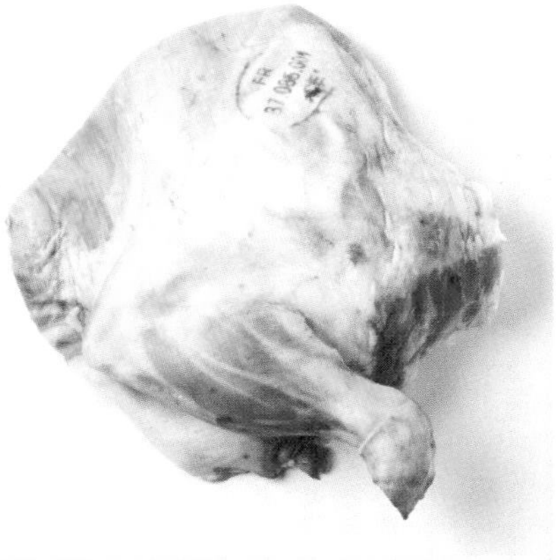

양 어깨살(뼈 붙은 덩어리)
1개

이탈리안 파슬리
6줄기

고수
1단

마늘
6톨

청고추
1개(작은 것)

올리브오일
150ml

소금, 후추

준비 : 15분
조리 : 2시간

- 오븐을 160℃로 예열한다. 오븐 용기에 **양 어깨 덩어리**를 놓고 소금과 후추로 간한 다음, 2시간 동안 오븐에 익힌다. 중간중간 흐르는 기름과 육즙을 끼얹어 마르지 않게 한다.
- **파슬리**와 **고수**를 씻어 잎을 떼어 놓는다.
- **마늘**의 껍질을 까고, **고추**는 반을 갈라 속 씨를 빼낸다. **마늘**과 **고추**에 **올리브오일**을 넣고 믹서로 간다. **양고기**와 만든 소스를 함께 낸다. 루콜라 샐러드를 곁들여 먹는다.

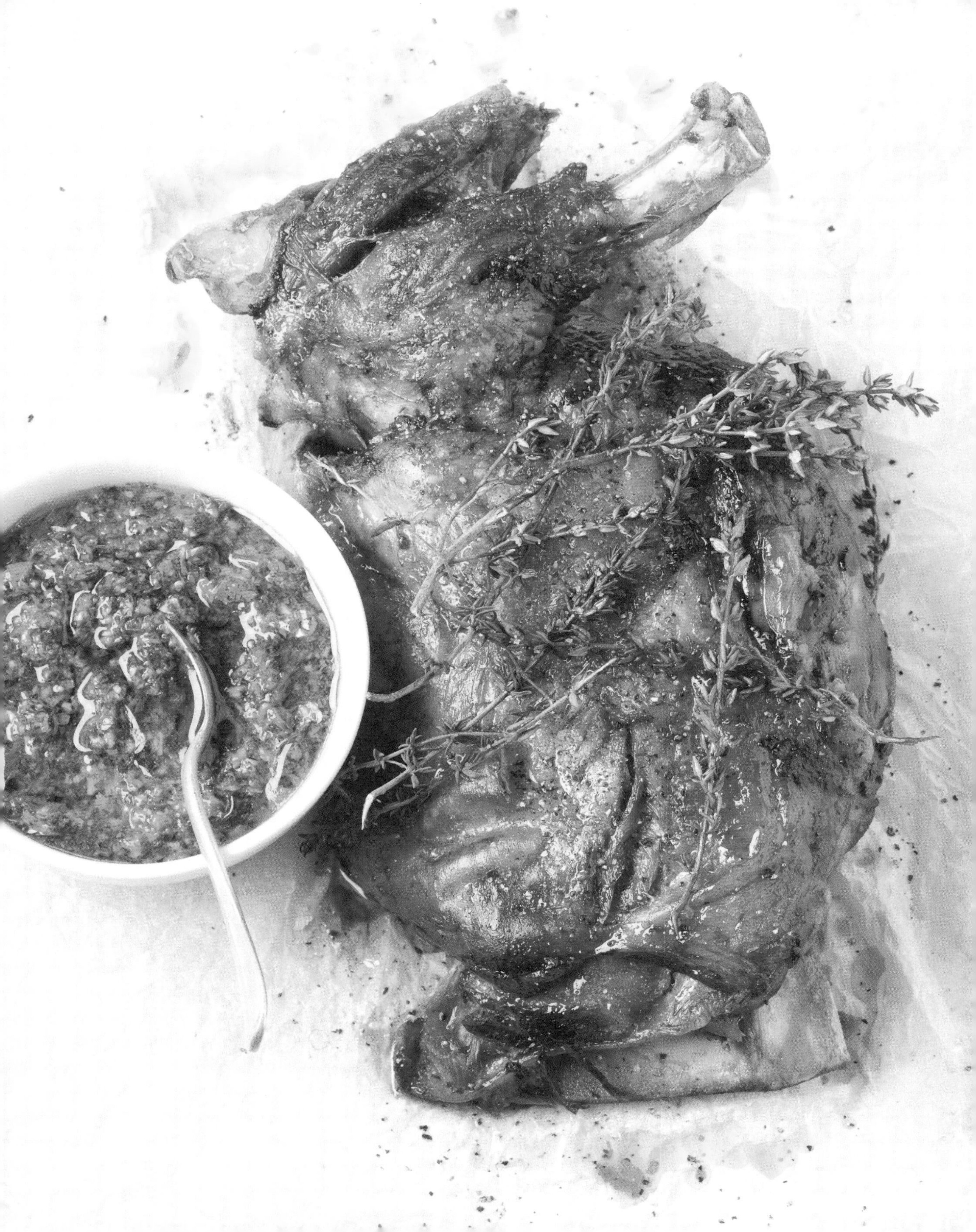

7시간 익힌 양 뒷다리 스튜

GIGOT DE 7 HEURES

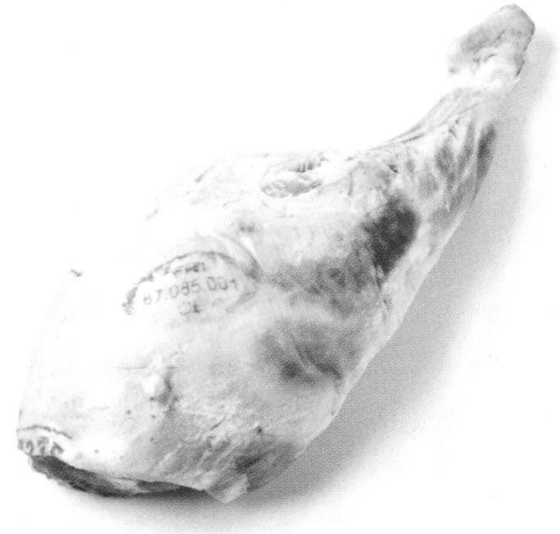

양 뒷다리
1개

마늘
10톨

스위트 와인
반 병(375ml)

육수
500ml

로즈마리
2줄기

포트와인
반 병(375ml)

소금, 후추

준비 : 10분
조리 : 7시간

- 큰 무쇠 냄비에 **양 뒷다리**와 눌러 으깬 **마늘**, **스위트 와인**, **포트와인**, **육수**, **로즈마리**를 모두 넣는다.
- 뚜껑을 덮고 160℃ 오븐에 넣어 7시간 동안 익힌다. 중간중간 국물을 끼얹어준다. 국물이 너무 졸아들면 중간에 물을 보충해준다. 소금과 후추로 간한다. 숟가락으로도 잘릴 정도로 완전히 부드럽게 익은 **양고기** 스튜에 쿠스쿠스를 곁들여 먹는다.

아스파라거스를 넣은 송아지 크림 스튜 BLANQUETTE AUX ASPERGES

소테용 송아지 고기
1.2kg(적당한 크기로 자른 것)

육수
500ml

그린 아스파라거스
4개(굵은 것)

양송이버섯
200g

생크림
330ml

밀가루
2테이블스푼

소금, 후추

준비 : 15분
조리 : 1시간 15분

- **송아지 고기**를 육수에 넣고 약한 불에서 1시간 익힌다. **아스파라거스**는 껍질을 벗기고 잘라 놓는다. **양송이버섯**도 도톰하게 썰어둔다. 고기를 건져낸다. 남은 육수에 **생크림**과 **밀가루**를 넣고 거품기로 잘 저어 섞는다.
- **아스파라거스**와 **양송이**를 넣고 10분간 더 끓인다. 건져둔 고기를 다시 넣고 소금과 후추로 간한다.

머스터드 소스의 송아지 콩팥 요리 ROGNONS À LA MOUTARDE

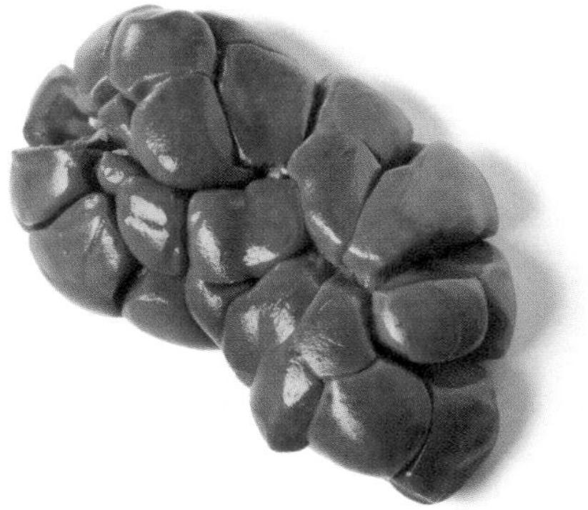

송아지 콩팥
4개

홀그레인 머스터드
4테이블스푼

디종 머스터드
1테이블스푼

부케가르니*
1개

생크림
600ml

소금, 후추

준비 : 5분
조리 : 10분

- 팬에 기름 2테이블스푼을 달구고, 먹기 좋은 크기로 자른 **송아지 콩팥**을 색이 나도록 지진다.
- 5분 정도 익힌 후 두 종류의 **머스터드**와 **부케가르니**, **생크림**을 넣고 잘 섞어준다.
- 소금, 후추로 간을 맞추고 5분간 더 익힌다. 파스타 면을 곁들여 먹는다.

* bouquet garni: 육수나 소스에 향을 내기 위해 타임, 월계수잎, 파슬리, 로즈마리 등의 허브와 대파, 샐러리 등의 향신 채소를 실로 묶어서 끓일 때 넣어 향이 우러나오면 꺼내며, 요리에 따라 사용하는 채소와 향신료의 배합이 다르다.

모렐 버섯(곰보버섯) 소스의 송아지 갈비

CÔTES DE VEAU
AUX MORILLES

건 모렐 버섯
50g

생크림
330ml

송아지 갈비
2개(450g 짜리)

간장
4테이블스푼

소금, 후추

준비 : 35분
조리 : 25분
버섯 불리기 : 30분

- **모렐 버섯**을 500ml의 물에 담가 30분간 불린 다음 건진다. 버섯 불린 물은 체에 걸러 소스팬에 넣고 3/4으로 졸인다. 여기에 **생크림**을 넣고 거품기로 저으면서 센 불에 10분간 더 졸인다.
- 기름을 뜨겁게 달군 소테팬에 **송아지 갈비**를 넣고 색이 나도록 양면을 각각 5분씩 익힌다.
- **간장**을 넣어 디글레이즈*하고 **모렐 버섯**과 **크림 소스**를 넣는다. 5분간 더 익힌 후 서빙한다.

* deglaze, déglacer : 재료를 굽고 난 후 팬의 바닥에 눌어붙거나 남아 있는 영양소나 맛을 활용하기 위하여 스톡이나 와인 같은 액체를 첨가하여 열에 의해 불린 다음 소스와 같은 기초 요리로 사용하는 조리법.

아스파라거스 송아지 등심 말이

ESCALOPES ROULÉES AUX ASPERGES

그린 아스파라거스
16개

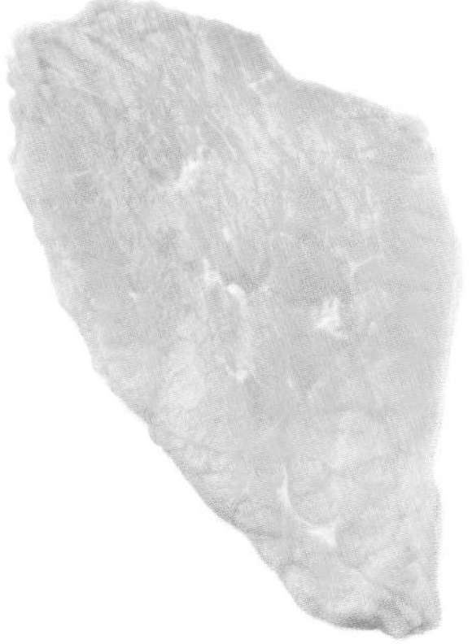

송아지 등심 얇게 편 것
4장

페스토*
2테이블스푼

올리브오일
2테이블스푼

소금, 후추

준비 : 10분
조리 : 25분

- 오븐을 180℃로 예열한다. **아스파라거스**의 껍질을 벗기고 질긴 밑동을 잘라낸 다음 끓는 물에 3분간 데친다.
- **송아지 등심**에 **페스토**를 펴 바르고 **아스파라거스**를 중앙에 놓는다. 소금과 후추로 간한 후 돌돌 말아 실로 묶어준다.
- 고기 겉면에도 소금, 후추로 간을 하고, **올리브오일**을 뿌린 다음, 오븐에 넣어 25분간 굽는다. 도톰하게 잘라서 서빙한다.

* pesto: 마늘, 바질, 잣, 올리브오일, 파르메산 치즈를 넣고 갈아 만드는 이탈리아 제노아의 대표적인 소스.

초리조를 넣은 송아지 등심 오븐 구이 ESCALOPES AU CHORIZO

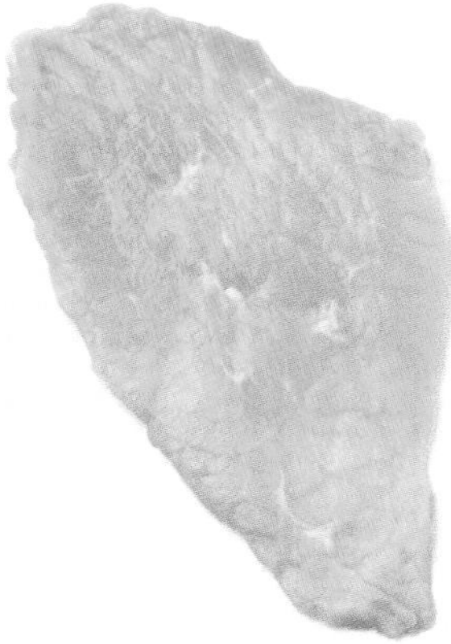

송아지 등심 얇게 편 것
4장

초리조* 슬라이스
4장(큰 것)

타임
8줄기

세이지 잎
4장

소금, 후추

준비 : 10분
조리 : 25분

• 오븐을 180℃로 예열한다. 오븐 용기에 반으로 잘라 놓은 **송아지 등심**을 넣고 그 위에 **초리조** 슬라이스를 한 조각씩 얹는다(이쑤시개로 꽂아 고정해도 좋다).

• **타임**과 **세이지 잎**을 넣고 소금과 후추로 간한 다음 오븐에 넣어 25분간 익힌다. 오븐 용기 그대로 서빙한다. 루콜라 샐러드, 파스타 면 등을 곁들여 먹는다.

* chorizo : 매콤한 맛이 나는 스페인의 건조 소시지.

토마토와 오렌지를 넣은 오소부코 OSSO-BUCCO AUX TOMATES ET ORANGES

오렌지
4개

올리브오일
4테이블스푼

오소부코(송아지 뒷다리 정강이)
8개

로즈마리
2줄기

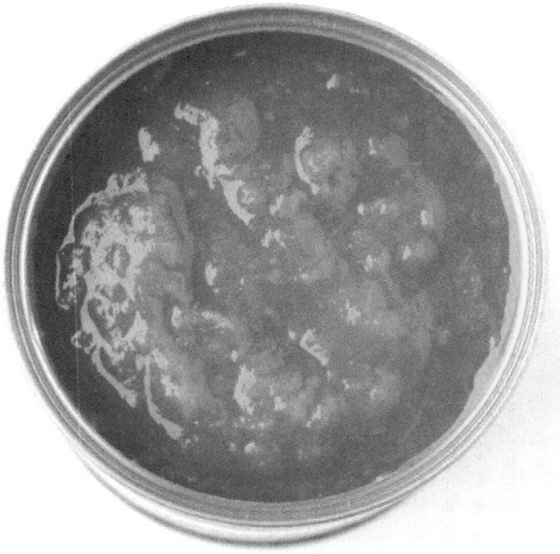

토마토 콩카세*
1캔(800g)

소금, 후추

준비 : 15분
조리 : 1시간 30분

• **오렌지** 껍질을 긁어 제스트를 만들고, 즙을 짜둔다. 냄비에 오일을 달구고 **오소부코**의 양면을 지져 색을 낸다. **오렌지즙**과 **오렌지 제스트, 로즈마리, 토마토 콩카세**를 모두 넣는다.

• 소금과 후추로 간을 하고 약한 불로 1시간 30분 동안 뭉근히 끓인다. 오븐에서 꺼내 냄비째 서빙한다. 파스타 면을 곁들여 먹는다.

* tomates concassées: 껍질을 벗기고 씨를 뺀 다음 잘게 썬 토마토 과육. 통조림을 사용해도 된다.

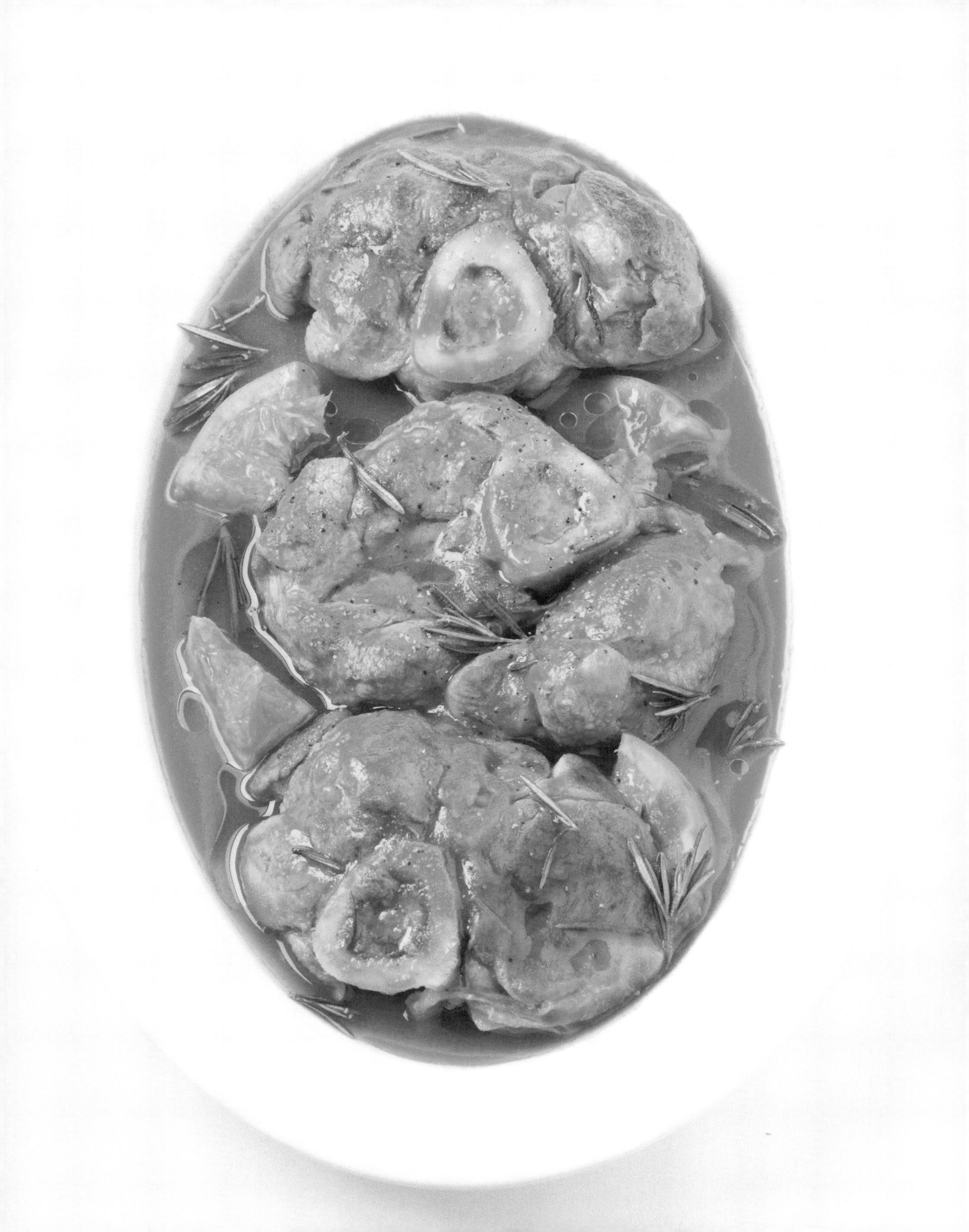

아스파라거스를 곁들인 송아지 안심 로스트

RÔTI DE VEAU AUX ASPERGES

그린 아스파라거스
20개

타라곤
1단

올리브오일
4테이블스푼

송아지 안심
약 1kg(로스트용으로 묶은 것)

마늘
4톨

소금, 후추

준비 : 15분
조리 : 40분

- **아스파라거스**의 껍질을 벗긴다. **타라곤**은 씻어서 잎만 떼어낸 다음 굵직하게 다진다.
- 냄비에 **올리브오일**을 뜨겁게 달구고, **안심** 덩어리를 지져 고루 색을 낸다. **마늘**을 넣고 소금과 후추로 간을 한 다음 뚜껑을 닫고 25분 정도 익힌다.
- 물을 한 컵 붓고, **아스파라거스**를 넣은 다음 10분간 더 익히고, 마지막에 **타라곤**을 넣어 잘 섞는다. 익힌 고기를 적당한 크기로 잘라 서빙한다.

올리브를 넣은 송아지 소테 SAUTÉ DE VEAU AUX OLIVES

올리브오일
4테이블스푼

소테용 송아지 고기
1kg(적당한 크기로 자른 것)

드라이 화이트 와인
반 병(375ml)

부케가르니*
1개

토마토소스
500ml

그린 올리브, 블랙 올리브
200g(씨를 뺀 것)

소금, 후추

준비 : 15분
조리 : 2시간

- 냄비에 오일을 달구고 **송아지 고기**를 지져 색을 낸 다음 **화이트 와인**, **부케가르니**, **토마토소스**와 **올리브**를 모두 넣는다.
- 중간중간 잘 저어주며 약한 불에서 2시간 동안 뭉근히 익힌다.
- 소스가 너무 졸아들면 중간에 물을 좀 넣어준다.

파스타 면과 함께 먹는다.

* bouquet garni: 육수나 소스에 향을 내기 위해 타임, 월계수잎, 파슬리, 로즈마리 등의 허브와 대파, 샐러리 등의 향신 채소를 실로 묶어서 끓일 때 넣어 향이 우러나오면 꺼내며, 요리에 따라 사용하는 채소와 향신료의 배합이 다르다.

튀긴 샬롯을 곁들인 비프스테이크 BAVETTES À L'ECHALOTE CROUSTILLANTE

샬롯
4개(길쭉한 것)

우유
20ml

밀가루
1테이블스푼

이탈리안 파슬리
8줄기

소고기 치마살
4개(180g짜리)

소금, 후추 + 튀김용 기름

준비 : 15분
조리 : 15분

• **샬롯**의 껍질을 벗겨 얇게 링 모양으로 썬다. 냄비에 기름을 넣고 데운다.

• **샬롯**을 **우유**에 담갔다가 밀가루를 묻히고, 기름에 노릇하게 튀긴다. **파슬리**는 씻어서 다진다.

• 팬에 기름 1테이블스푼을 넣고 뜨겁게 달군 다음, **고기**를 앞뒷면 각각 2분씩 굽는다. 접시에 담고, 그 위에 튀긴 **샬롯**과 다진 **파슬리**를 얹는다. 샐러드와 함께 먹는다.

뵈프 부르기뇽 BOEUF BOURGUIGNON

소테용 소고기
1.2kg(적당한 크기로 자른 것)

양파
1개(큰 것)

밀가루
1테이블스푼

레드 와인
1병(750ml)

라르동(베이컨)
200g

양송이버섯
250g

소금, 후추

준비 : 10분
조리 : 2시간 35분

- 무쇠 냄비에 기름을 달군 후 **소고기**를 모든 면이 고르게 색이 나도록 센 불에 지진다. 얇게 썬 **양파**를 넣고 **밀가루**를 뿌린다.
- 잘 섞고 5분간 익힌 다음, **레드 와인**과 물 300ml를 붓는다. 뚜껑을 덮고 약한 불에 2시간 동안 뭉근히 끓인다. 씻어서 잘라놓은 **양송이버섯**과 **라르동**을 넣고 30분간 더 끓인다. 소금, 후추로 간한다.

당근을 넣은 소고기 찜 BOEUF AUX CAROTTES

당근
1kg

양파
2개

올리브오일
3테이블스푼

소고기 부채살
1.2kg

타임
4줄기

월계수 잎
3장

소금, 후추

준비 : 10분
조리 : 2시간

- **당근**의 껍질을 벗기고 동그랗게 썬다. **양파** 껍질도 벗겨 썰어둔다.
- 냄비에 **올리브오일**을 아주 뜨겁게 달군 후, **소고기**를 지져 색을 낸다. **양파**와 **당근**, **타임**, **월계수 잎**을 넣는다.
- 소금과 후추로 간을 하고 재료가 잠기도록 물을 붓는다. 뚜껑을 닫고 약한 불에서 2시간 동안 뭉근히 익힌다.

바질 향의 미트볼

BOULETTES DE BOEUF ASSAISONNÉES

바질 잎
20장

양파
1개

소고기 다짐육
700g

케첩
4테이블스푼

올리브오일
4테이블스푼

가스파초*
300ml

소금, 후추

준비 : 20분
조리 : 5분

- 오븐을 180℃로 예열한다. **바질**은 씻어서 다지고 **양파**는 껍질을 벗겨 잘게 썬다.
가스파초를 제외한 모든 재료를 볼에 넣고 섞는다.
- 소금, 후추로 간을 한 다음, 12개의 미트볼을 만든다.
오븐에 넣어 5분간 굽는다(완전히 익히지 않는다). 4개의 우묵한 접시에 **가스파초**를 붓고, 따뜻한 미트볼을 담는다.

* gaspacho : 토마토, 피망, 오이, 빵, 올리브오일, 식초, 얼음물을 함께 갈아 차게 마시는 스페인의 야채수프.
pp.40,44,46 참조.

소 볼살과 채소 포토푀

POT-AU-FEU COLORÉ DE JOUE DE BOEUF

소 볼살
2덩어리

타임
4줄기

노란 순무
6개

흰 비트
4개(작은 것)

고구마
1개

소금, 후추

준비 : 10분
조리 : 2시간 50분

- 모든 채소의 껍질을 벗긴다. 냄비에 **소 볼살**과 **타임**, **순무**, **비트**를 모두 넣는다. 물을 붓고 약한 불에서 2시간 30분 정도 뭉근하게 끓인다. 중간중간 거품을 건져준다.
- 다른 채소와 비슷한 크기로 자른 고구마를 넣고 20분간 더 익힌다. 소금과 후추로 간한다.

칠리 콘 카르네 CHILI CON CARNE

적양파
2개

소고기 다짐육
600g

파프리카 가루
2테이블스푼

붉은 강낭콩 통조림
2캔(각 400g짜리)

토마토소스
500ml

소금, 후추

준비 : 15분
조리 : 50분

- **양파**의 껍질을 벗겨내고 다진다. 팬에 기름 2테이블스푼을 둘러 달군 후 **소고기 다짐육**과 **양파**를 센 불에 볶는다. **파프리카**를 넣고 색이 배도록 잘 섞으며 5분간 익힌다. **붉은 강낭콩**과 **토마토소스**를 넣는다.
- 약한 불에서 잘 저으며 45분 정도 끓인다.
- 소금, 후추로 간한다. 신선한 아보카도를 곁들여 먹으면 좋다.

베아르네즈 소스를 곁들인 프라임 립

CÔTE DE BOEUF AU FOUR,
FAUSSE BÉARNAISE

마요네즈
200g

타라곤 머스터드
1테이블스푼

식초
1티스푼

타라곤
1단

소고기 프라임 립
두꺼운 것 1개(1kg)

소금, 후추

준비 : 15분
조리 : 12분

- **마요네즈**와 **머스터드**, **식초**, 잘게 다진 **타라곤**을 잘 섞어 소스를 만든다. 오븐을 180℃로 예열한다.
- 팬에 기름을 넣어 뜨겁게 달구고 **프라임 립**을 각각 1분씩 양면에 색이 나도록 굽는다. 소금, 후추로 간하고 오븐에 넣어 10분간 익힌다. 중간에 한 번 뒤집는다.
- 꺼내서 알루미늄 호일을 덮어 5분간 레스팅*한 다음, 소스를 곁들여 먹는다.

* resting : 고기를 구운 뒤 잠시 따뜻한 곳에 휴지시켜 응축된 육류 조직이 풀어지면서 육즙이 골고루 퍼지는 과정을 말한다.

프로방스풍 비프 스튜 DAUBE PROVENÇALE

바질
1단

드라이 토마토
10개

올리브오일
4테이블스푼

소테용 소고기
1.2kg(적당한 크기로 자른 것)

마늘
4톨

레드 와인
1병(750ml)

소금, 후추

준비 : 25분
조리 : 2시간

- **바질**을 씻어 잎만 떼어 놓는다. **드라이 토마토**를 작게 썬다. 냄비에 **올리브오일**을 넣고 뜨겁게 달군 뒤 **고기**를 골고루 색이 나게 지진다.
- **마늘**을 껍질째 으깨 넣고, **레드 와인**을 붓는다. 아주 약한 불로 2시간 정도 뭉근히 익힌다. 소금과 후추로 간하고, **바질**, **드라이 토마토**를 넣고 잘 섞는다. 파스타 면을 곁들여 먹는다.

비프 타르타르 TARTARE DE BOEUF FRAÎCHEUR

양파
1개

바질 잎
1단

고수
1단

올리브오일
4테이블스푼

케첩
4테이블스푼

소고기 다짐육
700g

소금, 후추

준비 : 10분

- **양파**의 껍질을 벗겨 다진다. **바질**은 씻은 후 잎만 따서 잘게 썰고 **고수**도 씻어서 줄기와 함께 잘게 썬다.
- 재료를 모두 넣고 **올리브오일**과 **케첩**, **소고기 다짐육**과 잘 섞는다. 소금과 후추로 간한다.

타이 바질 소고기 볶음 BOEUF SAUTÉ AU BASILIC THAÏE

소고기 설도
600g

타이 바질 잎
40장

마늘
4톨

올리브오일
6테이블스푼

간장
4테이블스푼

소금, 후추

준비 : 10분
조리 : 5분

- **소고기**를 먹기 좋은 크기로 자른다. **바질**은 씻어 놓고, **마늘**의 껍질을 벗겨내고 다진다.
- 팬에 **올리브오일**을 넣고 달군 후 **마늘**을 넣고, **소고기**를 센 불에 볶는다.
- 불을 끄고 **간장**과 **바질**을 넣어 잘 섞는다. 소금, 후추로 간을 맞춘다.

로크포르 치즈 스테이크 PAVÉS DE BOEUF AU ROQUEFORT

스테이크용 소고기(우둔살)
4덩어리

로크포르(Roquefort) 치즈
200g

준비 : 5분
조리 : 10분

- **로크포르 치즈**를 작게 자른다.
- **소고기**는 기름 없이 아주 뜨겁게 달군 팬에 앞뒷면 각각 3분씩 굽는다.
- 불에서 내려 3분간 레스팅*한 후, 치즈를 올린다. 녹아내린 치즈와 함께 먹는다.

* resting : 고기를 구운 뒤 잠시 따뜻한 곳에 휴지시켜 응축된 육류 조직이 풀어지면서 육즙이 골고루 퍼지는 과정을 말한다.

건초에 익힌 돼지 정강이 JARRETS AU FOIN

염장 돼지 정강이
2개(뼈째 삶은 것)

건초
100g

소금, 후추

준비 : 5분
조리 : 45분

- 냄비에 건초를 깔고 그 위에 **돼지 정강이**를 놓은 다음 잠길 정도로 물을 붓는다. 뚜껑을 닫고 약불에서 45분간 익힌다. 익으면 불을 끄고 그대로 식힌다.
- **돼지 정강이**를 건져 헹구고 잘라서 서빙한다.

감자 퓌레를 곁들이면 좋다.

바비큐 소스 돼지 갈비 TRAVERS DE PORC SAUCE BBQ

돼지 등갈비
1.2kg

케첩
4테이블스푼

간장
4테이블스푼

꿀
2테이블스푼

타임
4줄기

소금, 후추

준비 : 10분
조리 : 50분

- 오븐을 170℃로 예열한다. **등갈비**를 잘라서 오븐에 넣고 30분간 익힌다.
- **갈비**를 꺼내어 기름은 제거하고 오븐 용기에 넣는다.
- **케첩**, **간장**, **꿀**, **타임**을 섞어 갈비에 끼얹고 다시 오븐에 넣어 20분간 익힌다.

중간중간 소스를 끼얹어 주며 윤기 나게 익혀낸다.
소금, 후추로 간을 조절한다.

미몰레트 치즈 돼지 안심구이 MIGNONS DE PORC À LA MIMOLETTE

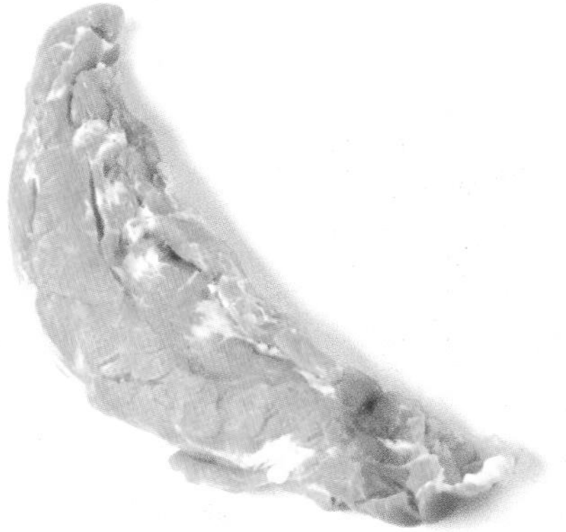

돼지 안심
2개

미몰레트 치즈
300g(슬라이스)

소금, 후추

준비 : 10분
조리 : 45분

- 오븐을 180℃로 예열한다. 팬에 기름 2테이블스푼을 넣어 달군 후 **돼지 안심**을 센 불에 색이 나게 지진다. 오븐 용기에 넣고 안심 전체에 칼집을 낸다. **미몰레트 슬라이스 치즈**는 4등분으로 자른 뒤, 반으로 접어 고기의 칼집 사이사이에 끼운다.
- 소금과 후추로 간한다. 오븐에 넣어 45분간 익힌다. 중간에 물을 반 컵 정도 넣어준다. 치즈가 녹아 노릇하게 되도록 굽는다.

체리를 넣은 돼지 목심 볶음 PORC À LA CERISE

체리
24알

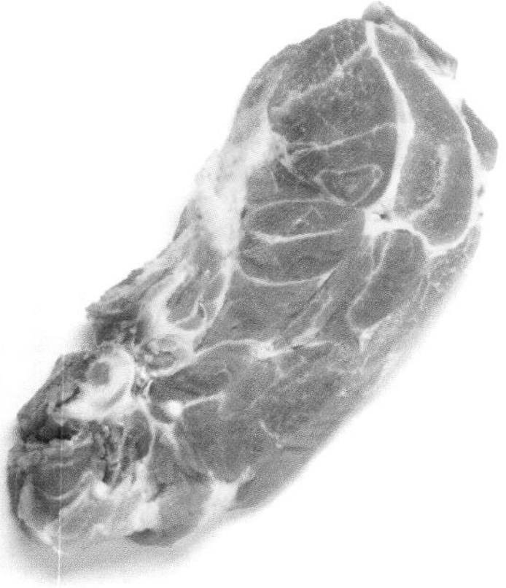

돼지 목심
4인분

소금, 후추

준비 : 15분
조리 : 35분

- **돼지고기**를 큐브 모양으로 자른다. 팬에 기름을 1스푼 둘러 달군 후, **돼지고기**를 센 불에 볶는다.
- 잘 흔들어 주며 25분간 색이 나도록 익히고, 씨를 뺀 **체리**를 넣는다. 10분간 더 익히고 소금, 후추로 간한다.

캐러멜라이즈 돼지고기 조림 PORC AU CARAMEL

돼지고기 목심
800g

꿀
6테이블스푼

간장
6테이블스푼

참깨
1테이블스푼

소금, 후추

준비 : 5분
조리 : 1시간 30분

- **돼지 목심**을 덩어리째 170℃ 오븐에서 1시간 익힌다.
- 기름을 제거하고, **꿀**과 **간장**을 넣는다.
- 중간중간 소스를 끼얹어 주면서 30분 정도 더 익힌다. 윤기 나게 캐러멜라이즈화하면 **참깨**를 뿌린다.
- 먹기 좋게 잘라서 **꿀**과 **간장**을 졸인 소스를 고루 뿌려 쌀밥을 곁들여 먹는다.

피망을 넣은 로스트 포크

RÔTI DE PORC AUX POIVRONS

여러 가지 색의 피망
1kg

마늘
8톨

올리브오일
4테이블스푼

로스트용 돼지 등심 덩어리
1.2kg(실로 묶은 것)

타임
4줄기

발사믹 식초
4테이블스푼

소금, 후추

준비 : 8분
조리 : 45분

- **피망**의 꼭지를 떼어내고 씨와 속을 뺀 다음, 먹기 좋은 크기로 자른다. **마늘**을 껍질째 으깬다.
- 냄비에 **오일**을 넣고 뜨겁게 달군 후 **돼지고기**를 덩어리째 센 불에 지진다. **피망**과 **마늘**, **타임**을 넣고 소금과 후추로 간한 뒤, 뚜껑을 닫고 45분간 익힌다.
- **발사믹 식초**를 넣고 잘 섞어 먹는다.

양배추 롤 CHOU FARCI

사보이 양배추 잎
8장

돼지고기 다짐육
200g

송아지고기 다짐육
200g

건포도
50g

달걀
1개

올리브오일
2테이블스푼

소금, 후추

준비 : 20분
조리 : 40분

- 오븐을 170℃로 예열한다. 끓는 물에 **양배추 잎**을 2분간 데친 후 찬물에 식힌다. 가운데 단단한 심을 잘라내고 반으로 자른다.
- **돼지고기 다짐육**과 **송아지고기 다짐육**, **건포도**, **달걀**을 혼합하고 소금과 후추로 간한다.
- **양배추 잎**을 펼쳐 놓고, 양념한 고기를 놓은 다음 돌돌 말아 오븐 용기에 담는다. **올리브오일**을 뿌리고 오븐에 넣어 35분간 익힌다.

프로슈토를 곁들인 엔다이브 ENDIVES AU JAMBON DE PAYS

생크림
250ml

가늘게 간 치즈
250g

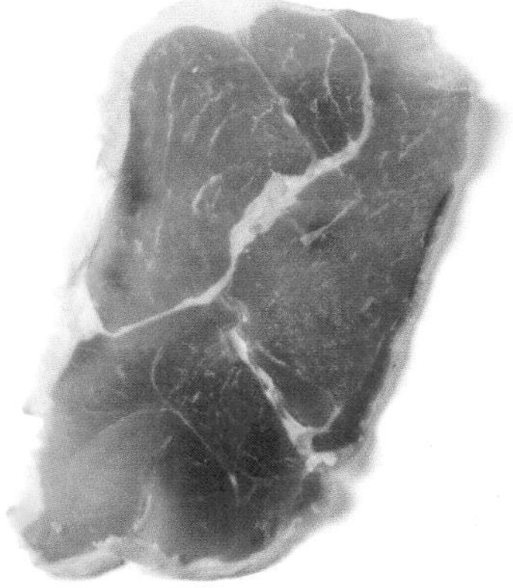

생 햄(프로슈토) 슬라이스
4장

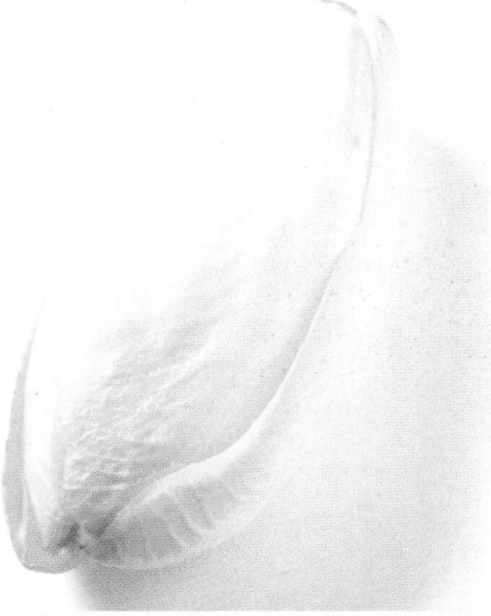

엔다이브
4개

웃웃웃웃

준비 : 10분
조리 : 25분

• 오븐을 180℃로 예열한다. **크림**과 **치즈**를 섞는다. **프로슈토**는 세로로 길게 이등분한다.

• **엔다이브**를 길게 반으로 잘라 각각 **햄**으로 말아준다.

• 오븐 용기에 넣고 치즈 크림 혼합물을 덮어준 다음 오븐에서 25분간 그라탱처럼 익힌다.

오리엔탈 미트볼 BOULETTES À L'ORIENTALE

소고기 다짐육
200g

돼지고기 다짐육
200g

커민
2테이블스푼

달걀
1개

여러 가지 색의 피망
3개

올리브오일
2테이블스푼

소금, 후추

준비 : 10분
조리 : 35분

- 오븐을 170℃로 예열한다. **소고기 다짐육**과 **돼지고기 다짐육**, **커민**, **달걀**을 잘 섞는다. 잘 치대어 섞어서 균일한 크기의 미트볼을 만든다.
- **피망**을 길게 자른다. 오븐 용기에 재료를 모두 넣고 **올리브오일**을 뿌리고 소금과 후추로 간한다. 오븐에 넣어 35분간 익힌다.
- 물을 2테이블스푼 정도 넣어 바닥에 눌어붙은 양념을 긁으며 잘 섞는다.

맥주에 익힌 돼지 뒷다리 찜 JARRET AU CHOU ROUGE À LA BIÈRE

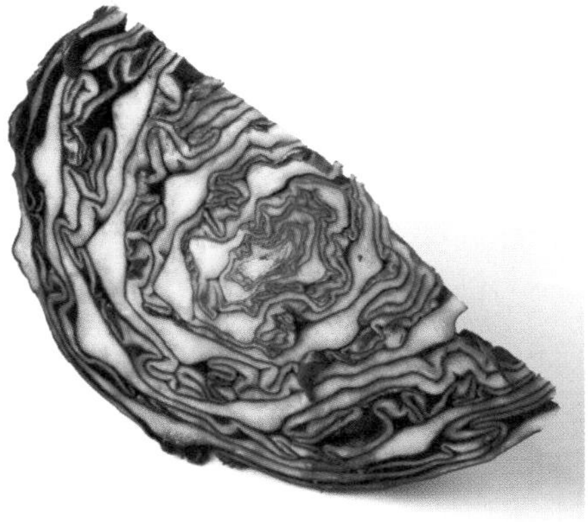

적채
1개

버터
80g

염장 돼지 뒷다리 정강이
4개(뼈째 삶은 것)

커민
2테이블스푼

맥주
660ml

건자두
8개

후추

준비 : 15분
조리 : 2시간

- **적채**를 채칼로 가늘게 썬다. 냄비에 **버터**를 녹이고 **염장 돼지 뒷다리 정강이**를 색이 나게 지진다.
- 여기에 **적채**와 물 200ml, **커민**을 넣은 다음 뚜껑을 닫고 약한 불에서 가끔씩 저어주며 1시간 정도 익힌다.
- **맥주**를 붓고 **건자두**를 넣은 다음, **돼지 뒷다리**가 완전히 무르도록 다시 1시간을 익힌다. 후추를 넣는다.

체리토마토와 메르게즈 소시지 MERGUEZ AUX TOMATES CERISE

로즈마리
2줄기

여러 가지 색의 체리토마토
500g

메르게즈* 소시지
4개

소금, 후추

준비 : 10분
조리 : 20분

- 오븐을 170℃로 예열한다. **로즈마리** 잎을 다진다.
- **체리토마토**를 반으로 자른다. **메르게즈 소시지**를 포크로 군데군데 찌른 후 오븐 용기에 넣는다.
- 오븐에서 10분간 구운 다음 **체리토마토**를 넣고 10분 더 익힌다. **로즈마리**를 뿌리고 소금, 후추로 간을 해 잘 섞는다. 감자 퓌레를 곁들여 먹으면 좋다.

* merguez: 마늘과 매운 양념이 가미된 북아프리카의 양고기 소시지.

부댕 포테이토 오븐 구이 ÉCRASÉ DE POMMES DE TERRE AU BOUDIN

감자
400g

부댕 누아르*
600g

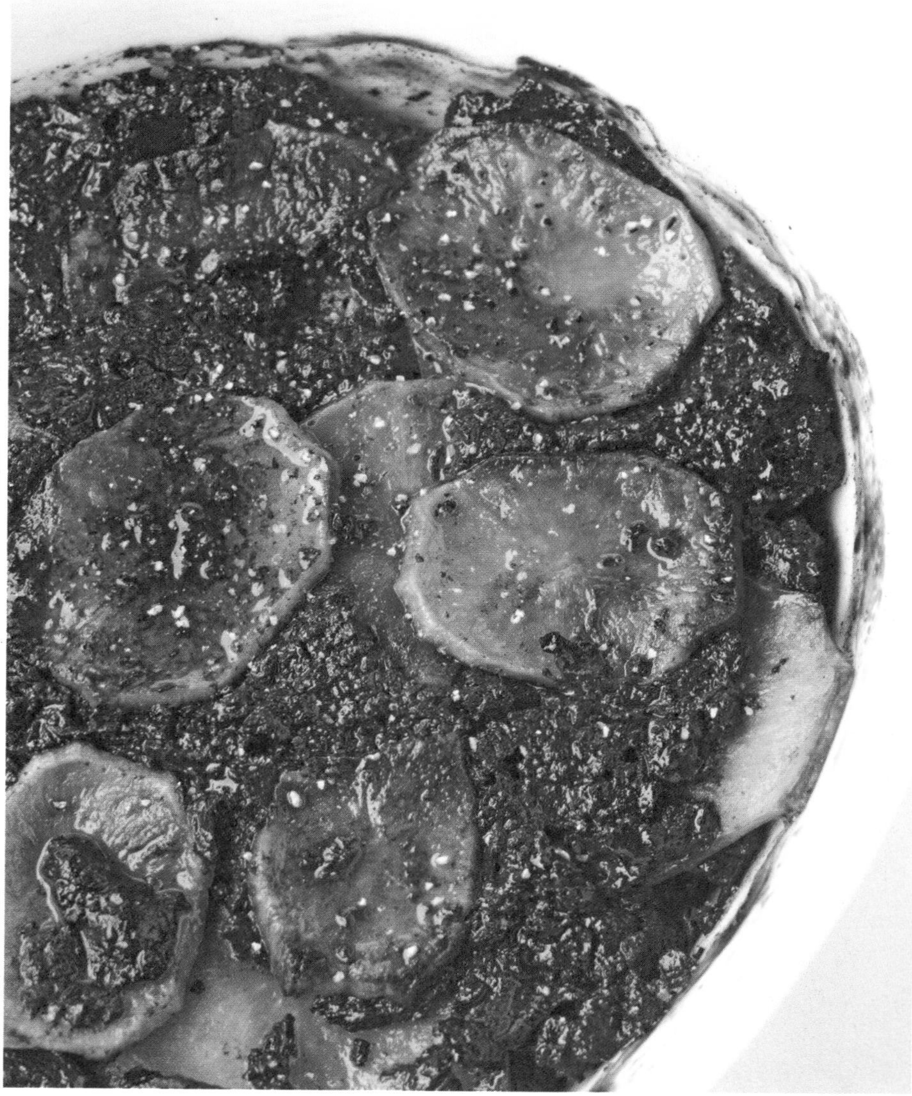

소금, 후추

준비 : 10분
조리 : 45분

- 오븐을 180℃로 예열한다. **감자**의 껍질을 벗기고 얇게 썬다.
- **부댕**의 껍질을 벗기고 살만 꺼내 그라탱 용기에 넣고 **감자**와 잘 섞는다.
- 소금, 후추로 간하고 꾹꾹 누른 다음 오븐에 넣고 45분간 익힌다.

*boudin noir : 돼지의 피가 섞인 순대와 비슷한 프랑스식 소시지.

팽 데피스 닭 다리 구이 PILONS DE POULET AU PAIN D'ÉPICE

팽 데피스*
4장

닭 다리
8개

소금, 후추

준비 : 10분
조리 : 45분

• 오븐을 180℃로 예열한다. **팽 데피스**에 물 80ml를 넣고 믹서로 간다.

• 넓은 오븐 용기에 **닭 다리**를 넣고 **팽 데피스**를 골고루 잘 묻힌다. 소금과 후추로 간하고 오븐에 45분간 굽는다. 중간중간 뒤적여가며 골고루 노릇하게 굽는다.
머스터드 소스나 바비큐 소스를 곁들인다.

* pain d'épice: 벌꿀과 정향, 육두구, 계피 등의 향신료를 넣어 만든 빵으로 프랑스 디종의 특산물이다.

세이지 버터 닭 다리 구이

CUISSES DE POULET AU BEURRE DE SAUGE

닭 다리
4개

세이지 잎
1단

버터
100g

소금, 후추

준비 : 10분
조리 : 45분

- **닭 다리**를 180℃ 오븐에서 40분간 굽는다. 중간중간 육즙을 끼얹어준다. 소금, 후추로 간한다.
- **세이지**는 씻어서 잎만 떼어둔다. 큰 것은 반으로 자른다.
- **버터**에 **세이지**를 넣고 살짝 갈색이 나도록 데운다.

세이지 버터를 구운 **닭 다리**에 끼얹고 잘 섞어 5분 정도 향이 배도록 한다.

캐슈너트 닭 가슴살 볶음 POULET AUX NOIX DE CAJOU

닭 가슴살
4조각

양파
1개

캐슈너트
200g

꿀
2테이블스푼

간장
4테이블스푼

고수
1단

준비 : 5분
조리 : 12분

- 팬에 기름 3테이블스푼을 넣고 달군 후 먹기 좋은 크기로 썬 **닭 가슴살**을 지진다.
- 다진 **양파**와 **캐슈너트**를 넣고 5분간 더 볶아 노릇하게 색이 나면 **꿀**과 **간장**을 넣는다.
- 잘 저어주며 5분 더 익힌 후 다진 **고수**를 넣는다.

레몬그라스 코코넛 치킨 POULET COCO CITRONNELLE

닭 다리
4개

토마토
4개

레몬 콩피*
4개

레몬그라스 줄기
2대

바질 잎
20장

코코넛 밀크
1리터

소금, 후추

준비 : 15분
조리 : 1시간

• 오븐을 170℃로 예열한다. **닭 다리**를 반으로 잘라 오븐 용기에 넣고, 큼직하게 자른 **토마토**와 **레몬 콩피**, 잘게 썬 **레몬그라스**, **바질**, **코코넛 밀크**를 모두 넣는다.

• 소금과 후추로 간하고 오븐에 넣어 1시간 익힌다. 중간중간에 국물을 끼얹어준다. **닭 다리**가 완전히 익으면 쌀밥과 함께 먹는다.

* citrons confits : 소금에 절여 저장한 레몬.

닭튀김과 아보카도 크림 POULET FRIT À LA CRÈME D'AVOCAT

아보카도
2개

바질 잎
10장

레몬
2개

닭 가슴살
4조각

달걀
2개

빵가루
250g

소금, 후추
+ 튀김용 기름 500ml

준비 : 15분
조리 : 5분

- **아보카도**의 껍질을 벗긴 후, **바질**과 **레몬즙**을 넣고 믹서에 간다. 소금과 후추로 간한다.
- **닭 가슴살**을 길게 자른다.
- **닭 가슴살**을 **달걀** 푼 물에 담갔다가 빵가루를 묻혀 기름에 5분 정도 튀겨낸다.
- **아보카도** 크림을 찍어 먹는다.

파프리카 로스트 치킨 POULET RÔTI AU PAPRIKA

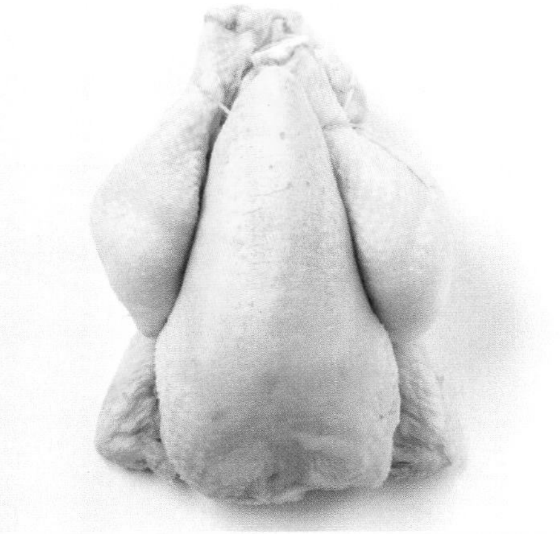

토종닭(묶어서 준비)
1마리

파프리카 가루
1테이블스푼

커리 가루
2티스푼

레몬
2개

올리브오일
4테이블스푼

소금, 후추

준비 : 5분
조리 : 40분

- **닭**에 소금과 후추로 간을 하고 **파프리카**와 **커리 가루**, **레몬즙**, **올리브오일**을 골고루 바른다.
- 180℃ 오븐에서 40분 굽는다. 중간중간 육즙을 끼얹어 마르지 않게 한다. 닭이 익으면 커다란 식기에 담고, 익히면서 나온 육즙 소스를 곁들인다.

포르치니 버섯과 밤을 넣은 치킨 소테

POULET SAUTÉ AUX CÈPES ET CHÂTAIGNES

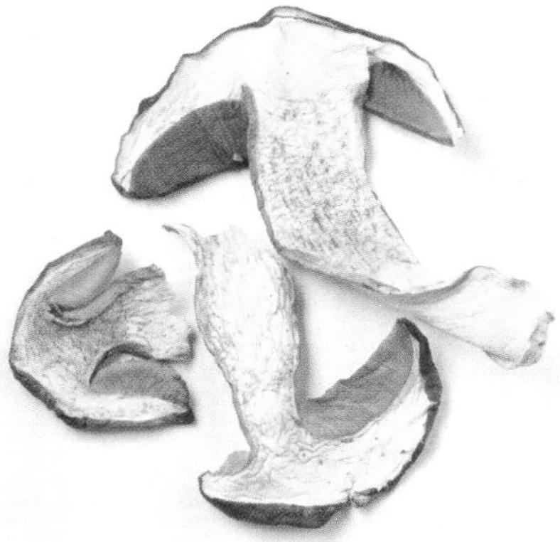

말린 포르치니 버섯
10g

닭 가슴살
4조각

생크림
600ml

밤 병조림
400g

소금, 후추

준비 : 15분
조리 : 30분

- **포르치니 버섯**을 150ml의 물에 넣고 불린다. **닭 가슴살**은 먹기 좋은 크기로 썬다.
냄비에 기름 3테이블스푼을 둘러 달군 후, **닭고기**를 센 불에 볶는다. 불린 버섯은 물을 꼭 짜고 썬다. **버섯**과 그 불린 물 모두 냄비에 넣는다.
- 5분 정도 졸이며 익힌 다음 **크림**과 **밤**을 넣고 약한 불로 25분간 더 익힌다. 소금, 후추로 간한다.

파슬리와 파르메산 치즈를 넣은 닭 다리 구이

POULET AU PERSIL
ET PARMESAN

닭 다리
4개

올리브오일
2테이블스푼

이탈리안 파슬리
1단

유기농 레몬
4개

파르메산 간 것
4테이블스푼

소금, 후추

준비 : 8분
조리 : 45분

• 반으로 자른 **닭 다리**에 소금과 후추로 간을 맞추고 **올리브오일**을 뿌린 다음, 180℃ 오븐에서 40분간 굽는다.

• **파슬리**는 씻어서 다진다. **레몬** 껍질의 제스트를 갈고 즙을 짠다. **파슬리**, 레몬 제스트와 레몬즙, **파르메산 치즈** 간 것을 모두 혼합한다. **닭 다리** 위에 얹고 다시 5분간 오븐에 넣어 구운 후 잘 섞어 서빙한다.

타라곤 닭 가슴살 구이 POULET À L'ESTRAGON

타라곤
6줄기

닭 가슴살
4조각

파프리카 가루
4테이블스푼

생크림
330ml

소금, 후추

준비 : 5분
조리 : 12분

- **타라곤** 잎을 떼어서 씻어둔다.
- 큰 팬에 기름 2테이블스푼을 두르고 달군 후, 먹기 좋게 썬 **닭 가슴살**을 센 불에 지진다. **파프리카**와 **생크림**을 넣는다.
- 불을 낮추고 잘 섞으며 10분간 익힌다. **타라곤** 잎을 넣고 소금과 후추로 간한다.

치킨 콜롬보 COLOMBO DE POULET

닭 다리
4개

양파
2개(큰 것)

고수
1단

코코넛 밀크
1리터

콜롬보 페이스트*
4테이블스푼

소금, 후추

준비 : 15분
조리 : 45분

• 오븐을 170℃로 예열한다. 오븐 용기에 반으로 자른 **닭 다리**를 넣고 다진 **양파**와 **고수**, **코코넛 밀크**, **콜롬보 페이스트**를 넣는다.

• 소금과 후추로 간하고 오븐에서 45분 동안 익힌다. 중간중간 국물을 끼얹어준다. 오븐에서 꺼내 바로 먹는다. 쌀밥을 곁들이면 좋다.

* pâte à colombo : 커리, 오일, 소금, 마늘, 강황, 허브 등으로 만든 앙티유의 향신 양념.

포도를 곁들인 메추리 요리 CAILLES AUX RAISINS

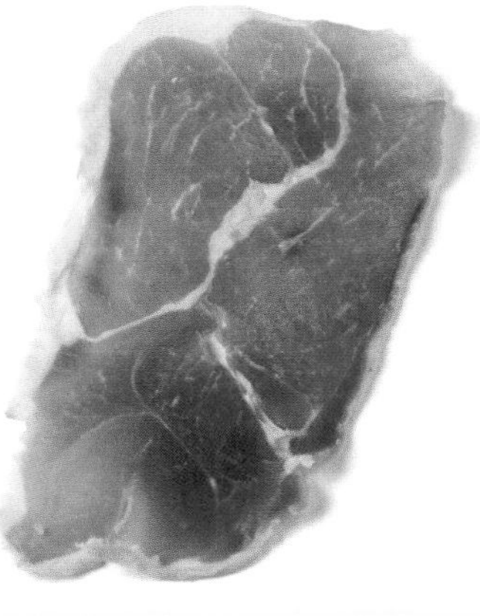

생 햄(프로슈토) 슬라이스
4장

메추리
4마리

버터
80g

코냑
20ml

이탈리아산 청포도
40알(씨 없는 것)

부케가르니*
1개

소금, 후추

준비 : 15분
조리 : 30분

- **메추리**를 **프로슈토**로 감싸고 실로 묶는다. 냄비에 **버터**를 넣어 녹이고 **메추리**를 지져 색을 낸다. **코냑**을 붓고 불을 붙여 플랑베**한 다음, 약한 불로 20분간 익힌다.
- **포도**와 **부케가르니**를 넣고 저어주며 10분 정도 더 익힌다. 밤 퓌레를 곁들이면 좋다.

* bouquet garni : 육수나 소스에 향을 내기 위해 타임, 월계수잎, 파슬리, 로즈마리 등의 허브와 대파, 샐러리 등의 향신 채소를 실로 묶어서 끓일 때 넣어 향이 우러나오면 꺼내며, 요리에 따라 사용하는 채소와 향신료의 배합이 다르다.

** flamber : 조리하면서 재료에 브랜디·럼 등을 뿌리고 불을 붙여서, 알코올은 날려 보내고 향을 남게 하여 잡내를 없애는 방법.

오리 콩피와 감자 POMMES DE TERRE AU CONFIT DE CANARD

감자
600g(큰 것)

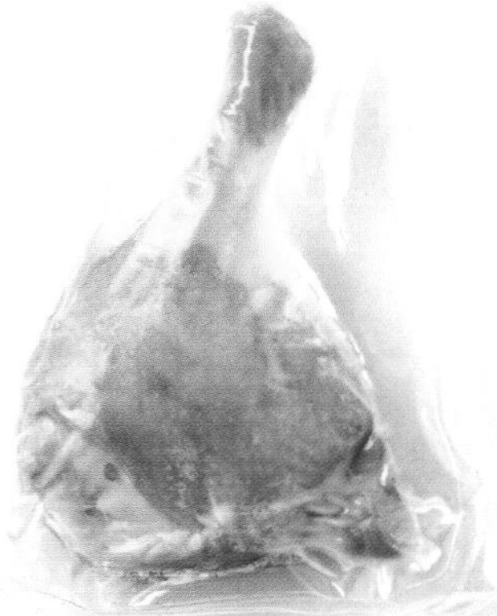

오리 다리 콩피*
4개

타프나드**
2테이블스푼

타임
4줄기

소금, 후추

준비 : 10분
조리 : 45분

• 오븐을 180℃로 예열한다. **감자** 껍질을 벗겨 얇게 썬다. **오리 콩피**는 뼈를 발라내고 살만 다져 **타프나드**와 **타임**을 넣고 섞는다.

• 그라탱 용기에 **오리고기**와 **감자**를 교대로 넣으며 쌓는다. 오븐에서 45분간 익힌다. **감자**가 노릇하게 익으면 꺼낸다. 샐러드를 곁들여 먹으면 좋다.

* confit : '콩피'는 프랑스어로 약한 불로 서서히 오래 졸여 익힌 상태를 말한다. 고기를 거의 녹을 때까지 조리 과정에서 흘러나오는 기름에 서서히 익힌 뒤, 지방에 담가 상하지 않도록 봉인한 저장 음식이다.
** tapenade : 블랙올리브와 안초비, 케이퍼, 마늘을 갈아 만든 프로방스의 대표적 페이스트.

파인애플과 오리 가슴살 볶음 MAGRETS SAUTÉS À L'ANANAS

고수
10줄기

오리 가슴살
2개

파인애플 슬라이스(통조림)
6개

간장
4테이블스푼

준비 : 15분
조리 : 10분

- **고수**의 잎만 떼어 씻어둔다. **오리 가슴살**은 기름을 떼어 내고 큐브 모양으로 썬다.
- **파인애플 슬라이스**를 6등분한다.
- 큰 사이즈의 우묵한 팬에 **오리 가슴살**을 넣고 센 불에 볶는다. **파인애플**과 **간장**을 넣고 볶으며 졸인다. 마지막에 **고수** 잎을 넣고 잘 섞는다.

살구와 로즈마리를 곁들인 오리 가슴살 구이 MAGRETS À L'ABRICOT ET AU ROMARIN

오리 가슴살
2개

로즈마리
4줄기

살구
12개(단단한 것)

꿀
2테이블스푼

간장
8테이블스푼

준비 : 8분
조리 : 11분

- 오븐을 180℃로 예열한다. 바닥이 코팅된 오븐 용기에 **오리 가슴살**의 껍질이 아래로 향하게 놓고 6분간 굽는다.
- 오리를 뒤집은 다음 녹은 기름을 제거하고, **로즈마리**, 씨를 뺀 **살구**, **꿀**, **간장**을 넣는다.
- 다시 오븐에 넣고 5분간 소스를 끼얹어주며 익힌다. 꺼내서 3분간 레스팅*한다.
- 오리를 잘라 **살구**, 오리를 익힌 소스와 함께 서빙한다.

* resting : 고기를 구운 뒤 잠시 따뜻한 곳에 휴지시켜 응축된 육류 조직이 풀어지면서 육즙이 골고루 퍼지는 과정을 말한다.

순무와 래디시를 곁들인 오리 다리 CUISSES DE CANARD AUX NAVETS ET RADIS

타라곤
1단

줄기 달린 작은 순무
12개

붉은 래디시
12개

올리브오일
2테이블스푼

오리 다리
4개

소금, 후추

준비 : 10분
조리 : 1시간 5분

- **타라곤**을 씻어서 잎을 따 놓는다. **순무**와 **래디시**는 씻어서 다듬고 껍질을 벗긴다.
- 냄비에 오일을 넣어 달군 후, **오리 다리**를 센 불에 지져 색을 내고 **순무**와 **래디시**를 넣는다.
- 물 300ml를 붓고 뚜껑을 닫은 상태로 1시간 동안 약한 불에서 익힌다. **타라곤**을 넣고 소금과 후추로 간을 한 후 잘 섞어서 먹는다.

오리 콩피 파르망티에 PARMENTIER DE CANARD CONFIT

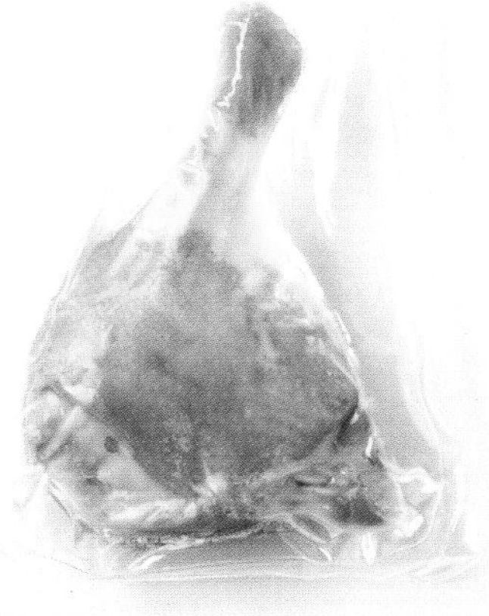

오리 다리 콩피*
4개

감자
300g

고구마
300g

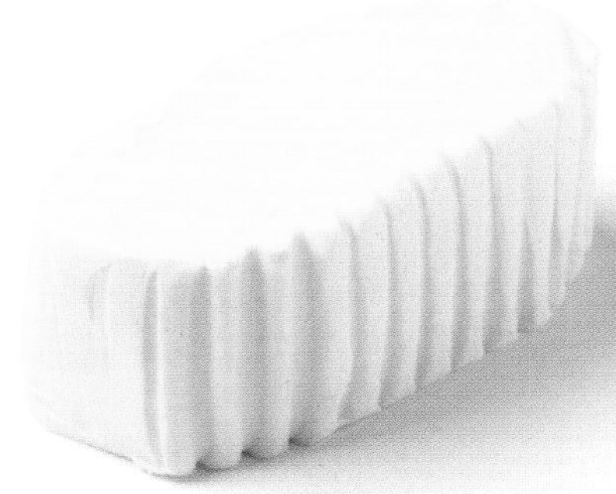

버터
80g

샐러드용 채소
200g

호두 오일
2테이블스푼

소금, 후추

준비 : 15분
휴지 : 1시간

• 170℃ 오븐에 **오리 다리 콩피**를 넣고 30분간 굽는다. **감자**와 **고구마**의 껍질을 벗겨, 소금을 넣은 끓는 물에 삶는다. 건져서 포크로 으깨 **버터**와 섞는다. 소금과 후추로 간한다.

• **오리 다리 콩피**는 뼈를 발라내고 껍질과 살을 잘게 뜯거나 다진다. **샐러드용 채소**는 **호두 오일**로 가볍게 버무린다. 접시 맨 밑에 감자 고구마 퓌레를 담고 그 위에 **오리고기**, **샐러드** 순서로 얹어 서빙한다.

* confit : '콩피'는 프랑스어로 약한 불로 서서히 오래 졸여 익힌 상태를 말한다. 고기를 거의 녹을 때까지 조리 과정에서 흘러나오는 기름에 서서히 익힌 뒤, 지방에 담가 상하지 않도록 봉인한 저장 음식이다.

오리고기를 채운 토마토

TOMATES FARCIES AU CANARD

토마토
12개(중간 크기)

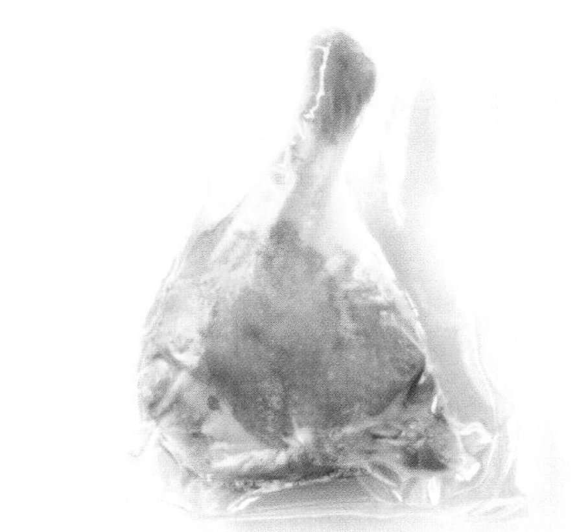

오리 다리 콩피*
4개

소금, 후추

준비 : 20분
조리 : 35분

• 오븐을 180℃로 예열한다. **토마토**의 윗부분을 수평으로 자르고 속을 파낸다. **오리 다리 콩피**는 팬에서 10분간 데우고 뼈를 발라낸 후 껍질과 살을 잘게 다진다.

• **토마토** 속에 **오리** 살을 채워 넣고 오븐 용기에 넣어 180℃ 오븐에서 25분간 굽는다. 감자 퓌레를 곁들인다.

* confit : '콩피'는 프랑스어로 약한 불로 서서히 오래 졸여 익힌 상태를 말한다. 고기를 거의 녹을 때까지 조리 과정에서 흘러나오는 기름에 서서히 익힌 뒤, 지방에 담가 상하지 않도록 봉인한 저장 음식이다.

올리브 뿔닭 오븐 구이 PINTADE AUX OLIVES

타프나드*
200g

뿔닭 다리
4개

소금, 후추

준비 : 10분
조리 : 1시간 10분

- 오븐을 170℃로 예열한다. **타프나드**에 물 200ml를 섞어 끓인다.
- **뿔닭 다리**를 반으로 잘라 오븐 용기에 넣고, **타프나드**를 덮어 오븐에서 1시간 동안 익힌다. 중간중간 뒤적여준다.
- 감자 퓌레를 곁들여 먹으면 좋다.

* tapenade : 블랙올리브와 안초비, 케이퍼, 마늘을 갈아 만든 프로방스의 대표적 페이스트.

배추를 넣은 뿔닭 찜 PINTADE AU CHOU

사보이 양배추
1개(약 1kg)

뿔닭
1마리(토막으로 자른 것)

베이컨(도톰한 슬라이스)
2장

타임
4줄기

굵은 소금
1티스푼

후추

준비 : 10분
조리 : 1시간 30분

- **양배추**를 6등분으로 잘라 씻는다. 무쇠 냄비에 토막 낸 **뿔닭**과 **양배추**를 넣는다.
- 적당한 크기로 자른 **베이컨**, **타임**, **굵은 소금** 1티스푼을 넣고 물을 한 컵 붓는다.
- 뚜껑을 덮고 아주 약한 불에서 1시간 30분 정도 익힌다. 냄비 그대로 테이블에 서빙한다.

양파를 곁들인 칠면조 다리 양념 구이

CUISSE DE DINDE
À LA FONDUE D'OIGNON

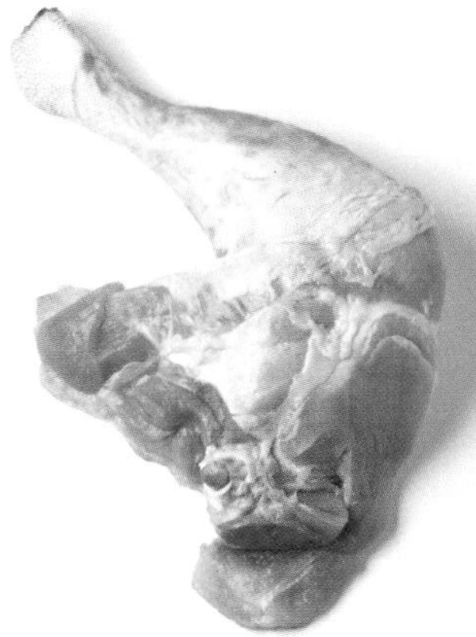

칠면조 다리
1개

줄기 달린 작은 양파
1단

메이플 시럽
6테이블스푼

간장
4테이블스푼

준비 : 10분
조리 : 1시간

- 오븐을 180℃로 예열한다. **칠면조 다리**를 오븐에 넣고 30분간 굽는다.
- **양파** 껍질을 벗기고 줄기와 함께 송송 썰어 놓는다. 칠면조를 익힌 오븐 용기에 **양파**를 함께 넣고 **메이플 시럽**과 **간장**을 섞어서 **칠면조**에 뿌린다.
- 다시 오븐에 넣고 30분 동안 익힌다. 중간중간에 소스와 육즙를 끼얹는다. 파스타 면과 함께 먹으면 좋다.

머스터드 소스 토끼 스튜 LAPIN À LA MOUTARDE

디종 머스터드
4테이블스푼

생크림
200ml

타임
2티스푼

토끼 뒷다리
4개

마늘
8톨

올리브오일
2테이블스푼

소금, 후추

준비 : 5분
조리 : 45분

- 오븐을 180℃로 예열한다. **머스터드**와 **크림**, **타임**을 거품기로 잘 섞는다. 오븐 용기에 **토끼 다리**와 껍질을 벗기지 않은 **마늘**을 넣는다.
- 소금과 후추로 간하고 **올리브오일**을 뿌린 후 오븐에 20분 동안 굽는다.
- **머스터드** 크림소스를 끼얹은 다음 다시 오븐에 넣고 25분간 익힌다.

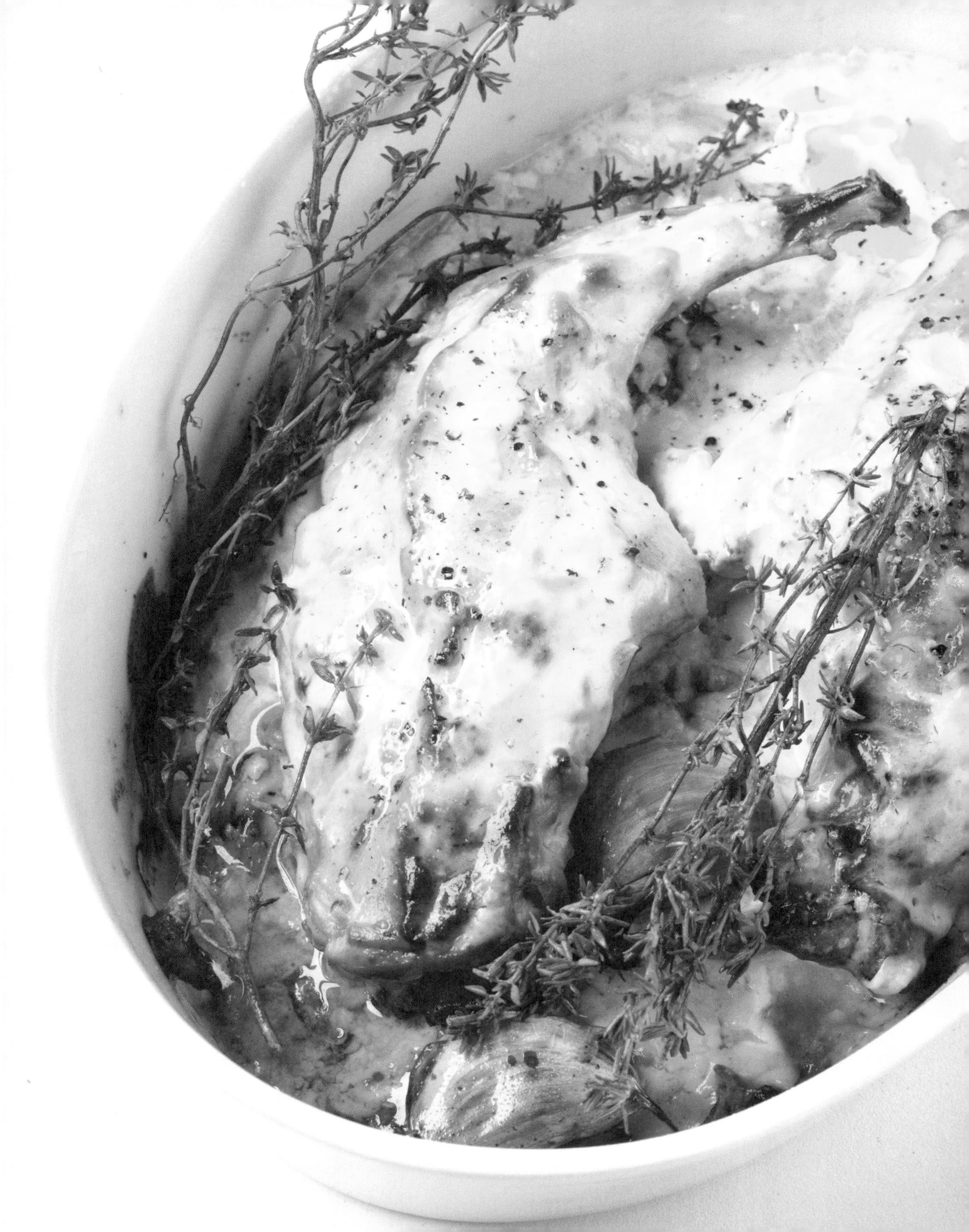

건자두를 넣은 초간단 코코뱅 POULET FAÇON COQ AU VIN AUX PRUNEAUX

닭 다리
4개(반으로 자른다)

라르동(베이컨)
300g

밀가루
1테이블스푼

레드 와인
1병(750ml)

건자두
10개

소금, 후추

준비 : 15분
조리 : 2시간 10분

- 냄비에 기름 3테이블스푼을 넣고 뜨겁게 달군 후, **닭 다리**를 센 불에 색이 나도록 지진다. **라르동**을 넣고 **밀가루**를 뿌린다.
- **레드 와인**을 부은 다음 불을 낮추고 약한 불로 2시간 정도 뭉근히 익힌다. 중간중간 저어준다.
- **건자두**를 넣고 소금, 후추로 간을 맞춘다. 냄비 그대로 서빙한다.

페스토를 넣은 가자미 롤 오븐 구이 FILETS DE SOLE ROULÉS AU PESTO

가자미 필레
8장

페스토*
1테이블스푼

소금, 후추

준비 : 5분
조리 : 35분

• 오븐을 170℃로 예열한다. **가자미 필레**에 **페스토**를 바른 다음 돌돌 만다. 오븐 용기에 넣어 오븐에서 35분간 굽는다.
• 오븐에서 꺼낸 즉시 감자 퓌레 또는 파스타 면을 곁들여 먹는다.

* pesto: 마늘, 바질, 잣, 올리브오일, 파르메산 치즈를 넣고 갈아 만드는 이탈리아 제노아의 대표적인 소스.

타라곤을 넣은 가오리 테린 RAIE À L'ESTRAGON

타라곤
1단

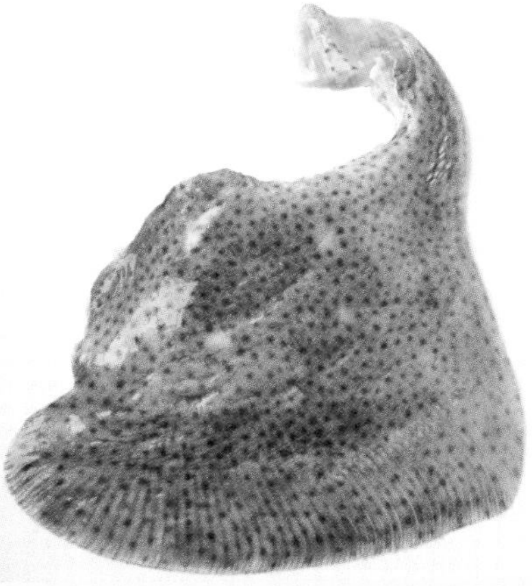

가오리 지느러미살
1.2kg(껍질 포함 덩어리)

소금, 후추

준비 : 10분
조리 : 20분
휴지 : 하룻밤

- **타라곤**을 잎만 떼어 다진다. 냄비에 **가오리**를 넣고 잠길 정도로 물을 넣은 다음 약한 불에서 20분간 익힌 후 건진다.
- **가오리**의 연골 뼈를 발라내고, 껍질을 벗긴다. **타라곤**과 **가오리 살**, 가오리 익힌 물 50ml를 잘 섞고 소금, 후추로 간한 다음 테린 틀에 꾹꾹 눌러 넣는다. 냉장고에 넣어 하룻밤 둔다.
- 도톰하게 잘라 먹는다. 프렌치드레싱을 곁들여도 좋다.

라즈베리와 타라곤을 곁들인 농어 카르파초

CARPACCIO DE BAR, FRAMBOISE ESTRAGON

타라곤
4줄기

라즈베리
20개

농어회 필레
500g(가시와 껍질을 제거한 것)

레몬
2개

올리브오일
4테이블스푼

소금, 후추

준비 : 10분

- **타라곤**을 씻어서 다진다. **라즈베리**는 으깬다. **농어살**을 얇게 저며서 4개의 접시에 펴 놓는다.
- **라즈베리**와 **타라곤**을 얹고, **레몬즙**과 **올리브오일**을 뿌린다. 소금, 후추로 간한다.

토스트한 빵을 곁들이면 좋다.

바질과 토마토소스 대구 DOS DE CABILLAUD TOMATE BASILIC

마늘
2톨

토마토
4개(중간 크기)

바질 잎
1단

올리브오일
4테이블스푼

대구 필레
4개(생물 또는 냉동)

소금, 후추

준비 : 10분
조리 : 20분

- 오븐을 170℃로 예열한다. **마늘**의 껍질을 벗기고, **토마토**를 큐브 모양으로 썬다. **바질**은 잎만 떼어 씻어놓는다.
- 모두 믹서에 넣고 **올리브오일**과 함께 갈아준다. 소금, 후추로 간한다.
- 오븐 용기에 **대구살**을 넣고 **올리브오일**을 뿌려 오븐에 20분간 익힌다.
- 식혀놓은 소스를 끼얹어 서빙한다.

허브 소금 크러스트 도미구이

DAURADE EN CROÛTE DE SEL AUX HERBES

로즈마리
4줄기

타임
10줄기

이탈리안 파슬리
½단

굵은 소금
600g

도미(내장 제거한 것)
1마리(1.5kg)

준비 : 10분
조리 : 30분

- 오븐을 170℃로 예열한다. **허브**를 모두 잎만 따서 **굵은 소금**과 함께 갈아준다.
- 오븐팬에 유산지를 깔고 **도미**를 통째로 놓는다.

허브 소금으로 두껍게 덮은 후 오븐에 넣어 30분간 익힌다.

- 구워진 **소금** 크러스트를 깨고 생선의 껍질을 벗겨 살만 발라 떠낸다. **올리브오일**을 살짝 뿌려 먹는다.

코코넛 소스 도미 오븐 구이

FILETS DE DAURADE EXOTIQUE

토마토
4개

레몬그라스 줄기
2대

올리브오일
4테이블스푼

코코넛 밀크
250ml

도미 필레
4개(껍질 포함)

소금, 후추

준비 : 10분
조리 : 25분

- **토마토**를 큐브 모양으로 자르고 **레몬그라스**는 얇게 썰어 놓는다. 오븐을 180℃로 예열한다.
- 오븐 용기에 **토마토**, **레몬그라스**, **올리브오일**, **코코넛 밀크**를 넣고 오븐에서 15분간 익힌다. 중간에 잘 저어준다.
- 여기에 **도미 필레**를 껍질이 위쪽으로 가게 놓고 소금, 후추로 간한 후 오븐에서 10분간 더 구워 따뜻하게 먹는다.

망고와 농어 타르타르 TARTARE DE BAR À LA MANGUE

망고
1개

농어회 필레
8장(가시와 껍질을 제거한 것)

고수
1단

코코넛 밀크
2테이블스푼

올리브오일
4테이블스푼

레몬
1개(레몬즙 2테이블스푼)

소금, 후추

준비 : 10분

- **망고**의 껍질을 벗기고 큐브 모양으로 썬다.
- **농어**도 큐브 모양으로 자른다. **고수**는 씻어서 다진다.
- **농어**와 **망고**, **코코넛 밀크**, **올리브오일**, **레몬즙**을 모두 섞는다. 소금, 후추로 간하고 냉장고에 넣어 차게 해서, 토스트한 빵과 함께 먹는다.

애플 사이다 소스 아귀 오븐 구이 LOTTE AU CIDRE ET AU JAMBON

양송이버섯
300g

아귀
800g(껍질 벗긴 것)

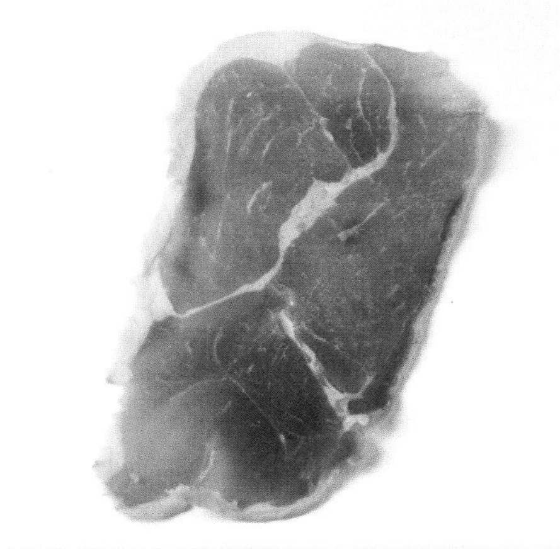

생 햄(프로슈토) 슬라이스
4장

버터
50g

드라이 애플 사이다*
250ml

생크림
250ml

소금, 후추

준비 : 15분
조리 : 30분

- **양송이버섯**을 씻어서 얇게 자른다. **프로슈토**로 **아귀**를 감싸 돌돌 말아 끈으로 묶는다.
- 냄비에 **버터**를 넣어 달군 후 **아귀**와 **양송이버섯**을 익힌다. 색이 나도록 지진 후 **아귀**는 건져 놓는다.
- 그 냄비에 **애플 사이다**를 붓고 3/4이 되도록 졸인 다음, **생크림**을 넣고 센 불에서 5분간 더 끓인다. **아귀**를 다시 넣고 소스와 함께 20분 더 익힌다.

* cidre : 프랑스어로 시드르라고 읽는다. 프랑스 노르망디 지역의 특산물로 사과즙을 원료로 한 발효주를 말한다. 일반적으로 알고 있는 청량음료 사이다와는 전혀 다른 사과주이다.

포르치니 버섯 소스 아귀 오븐 구이

JOUES DE LOTTE AUX CÈPES

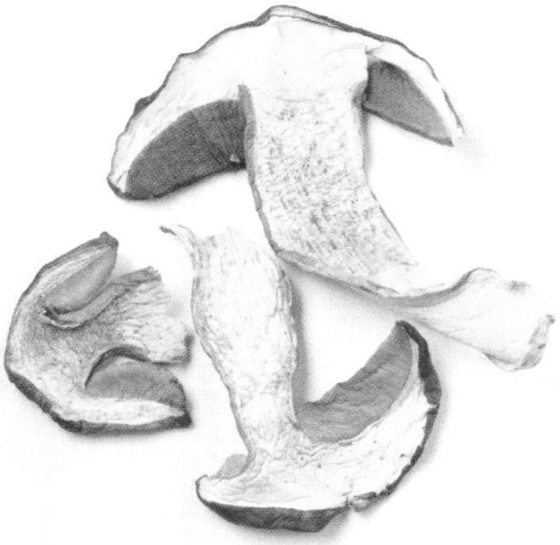

포르치니 버섯(말린 것)
40g

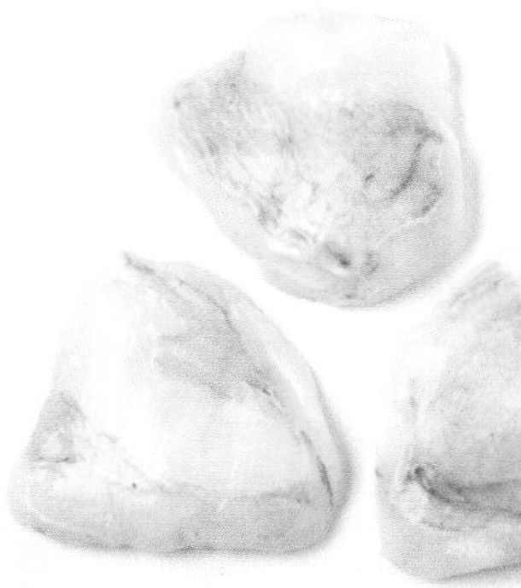

아귀 볼살
12조각

버터
50g

간장
4테이블스푼

생크림
500ml

헤이즐넛 오일
2테이블스푼

소금, 후추

준비 : 5분
버섯 불리기 : 30분
조리 : 25분

- **포르치니 버섯**을 물 300ml에 담가 30분 동안 불린 뒤 건져서 작게 썬다. 불린 버섯 물은 반으로 졸여둔다.
- 냄비에 **버터**를 넣어 달구고 **아귀 볼살**을 지진다.

버섯 불린 물과 **간장**을 넣고 끓여 반이 되도록 졸인 후에 **생크림**과 **버섯**을 넣는다. 약한 불로 10분간 더 익힌다. **헤이즐넛 오일**을 살짝 둘러 서빙한다.

머스터드 허브 고등어구이 MAQUEREAUX À LA MOUTARDE ET AU THYM

고등어 필레
4장(내장 제거한 것)

디종 머스터드
4테이블스푼

타임
1티스푼

소금, 후추

준비 : 5분
조리 : 25분

- 오븐을 180℃로 예열한다. 오븐팬에 **고등어** 필레를 놓고 **머스터드**를 골고루 바른 다음 소금, 후추로 간한다. **타임** 잎을 뿌린다.
- 오븐에 넣고 **고등어**의 겉면이 바삭하게 익을 때까지 약 25분간 굽는다.

귤즙 소스 성대 오븐 구이 ROUGETS AU JUS DE MANDARINE

귤
8개

간장
2테이블스푼

올리브오일
4테이블스푼

성대* 필레
8장(생물 또는 냉동)

소금, 후추

준비 : 10분
조리 : 5분

- 오븐을 180℃로 예열한다. **귤즙**을 짜서 **간장**, **올리브오일**과 섞는다.
- **성대 필레**는 오븐에서 5분간 굽는다.
- 우묵한 접시에 생선을 담고 **귤즙** 소스를 뿌린다.

* rouget : 루제, 노랑 촉수.

토마토와 생선 오븐 구이

POISSON À LA TOMATE AU FOUR

토마토
2개

갈치 필레
500g

올리브오일
4테이블스푼

화이트 와인
50ml

타임
1티스푼

월계수 잎
2장

소금, 후추

준비 : 10분
조리 : 30분

- 오븐을 170℃로 예열한다. **토마토**를 씻어 꼭지를 떼고, 가로로 둥그렇게 자른다.

갈치 필레는 먹기 좋은 크기로 자른다.

- 그라탱 용기에 **토마토**와 생선 필레를 교대로 포개놓고 소금, 후추로 간한다. **올리브오일**을 뿌리고 **화이트 와인**, **타임**, **월계수 잎**을 넣어 오븐에서 30분간 익힌다. 따뜻하게 서빙한다. 쌀밥을 곁들여 먹으면 좋다.

주키니 호박과 훈제 대구 그라탱 GRATIN DE COURGETTES ET HADDOCK

주키니 호박
3개

훈제 대구
400g(껍질 제거한 것)

바질 잎
20장

파르메산 치즈 조각
200g

올리브오일
4테이블스푼

준비 : 10분
조리 : 35분

- 오븐을 170℃로 예열한다. **주키니 호박**은 씻어서 꼭지를 잘라내고, 필러를 이용하여 세로로 길게 자른다.
- **훈제 대구**는 얇게 포를 뜨고, **바질**은 씻어서 다진다.
- 그라탱 용기에 **주키니 호박**과 **파르메산 치즈**, **훈제 대구**를 교대로 쌓아 넣고 **올리브오일**을 뿌린다. 오븐에서 35분간 굽는다.

초간단 연어 그라브락스 SAUMON MARINÉ À L’ANIS

연어 필레
600g(가시와 껍질을 제거한 것)

굵은 소금
2테이블스푼

설탕
2테이블스푼

딜
1단

아니스 씨
2티스푼

올리브오일
2테이블스푼

소금, 후추

준비 : 10분
재우기 : 12시간

- 용기에 **연어**를 넣고 소금, 설탕, **딜** 분량의 3/4을 잘 섞어 덮는다. 용기를 랩으로 완전히 밀봉하고 냉장고에 넣어 12시간 재운다.
- **연어**를 꺼내 얇게 포를 뜬다. **딜, 아니스 씨**를 얹고, **올리브오일**을 뿌려 서빙한다.

아스파라거스와 연어 타르타르 TARTARE DE SAUMON AUX ASPERGES

그린 아스파라거스
8개

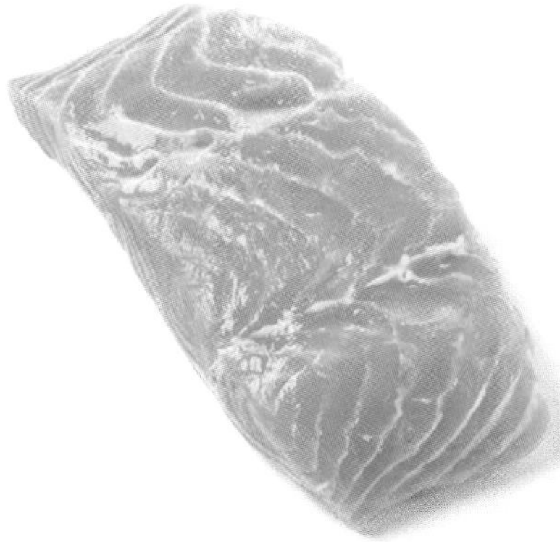

연어 필레
500g(가시와 껍질을 제거한 것)

레몬
3개

올리브오일
4테이블스푼

소금, 후추

준비 : 10분
조리 : 1분
식히기 : 5분

- **아스파라거스**의 껍질을 벗기고 질긴 밑동을 잘라 다듬은 후, 끓는 물에 1분간 데친다. 찬물에 식힌 다음 작게 썬다.
- **연어**도 작은 큐브 모양으로 자르고 **아스파라거스**, **레몬즙**, **올리브오일**을 넣고 섞는다.
- 소금, 후추로 간하고 냉장고에 5분간 넣어 시원하게 한 다음, 토스트한 빵을 곁들여 먹는다.

레몬 소스 달고기 오븐 구이

SAINT-PIERRE AU FOUR, SAUCE AU CITRON

고수
1단

레몬 콩피*
2개

올리브오일
6테이블스푼

석류 알갱이
50g

간장
2테이블스푼

달고기(존 도리)
1마리(약 1.6kg, 내장을 제거한 것)

후추

준비 : 10분
조리 : 25분

- 오븐을 170℃로 예열한다. **고수**는 씻어서 다진다. **레몬 콩피**의 껍질을 다진다.
- **올리브오일**과 **간장**을 넣고 모든 재료를 섞는다.
- **달고기**를 오븐에 넣고 25분간 구운 후 후추를 뿌린다. 뜨거울 때 소스를 뿌려 먹는다. 샐러드를 곁들이면 좋다.

* citrons confits : 소금에 절여 저장한 레몬.

고수를 얹은 참치 카르파초 CARPACCIO DE THON À LA CORIANDRE

고수
1단

올리브오일
4테이블스푼

간장
2테이블스푼

라임
1개

참치(붉은 살)
500g

후추

준비 : 10분

- **고수**를 씻어서 잎만 떼어놓는다. **올리브오일**과 **간장**, **라임즙**을 섞는다.
- **참치**를 얇게 저며 4개의 접시에 펴 놓고 냉장고에 넣어 둔다.
- 먹기 직전에 **올리브오일** 소스를 뿌리고 **고수**를 얹는다. 후추를 뿌린 후 토스트한 빵을 곁들여 먹는다.

타라마 참치 타르타르 TARTARE DE THON AU TARAMA

레몬
2개

참치(붉은 살)
500g

차이브(서양 실파)
1단

타라마*
2테이블스푼

올리브오일
2테이블스푼

소금, 후추

준비 : 10분

- **레몬즙**을 짠다. **참치**는 큐브 모양으로 작게 썰어 놓는다.
- **차이브**를 잘게 썰어 **참치**, **레몬즙**, **타라마**, **올리브오일**을 넣고 잘 섞는다.
- 소금, 후추로 간하고 각 개인 접시에 보기 좋게 담아 서빙한다. 토스트한 빵을 곁들여 먹는다.

*tarama : 생선알, 달걀, 우유, 레몬, 빵가루 등을 갈아 만든 스프레드로 그리스, 터키 요리에 많이 사용된다.

참치와 볶은 피망 THON À L'HUILE AUX POIVRONS

붉은 피망
2개

녹색 피망
1개

참치 통조림
2캔

소금, 후추

준비 : 10분
조리 : 25분

- **피망**을 씻어 꼭지를 떼어내고 가늘게 썬다.
- 냄비에 **참치 캔**의 **오일**을 넣고 약한 불로 25분간 피망을 볶는다.
- 불을 끄고 소금, 후추로 간을 한 후 **참치**를 넣는다.
- 잘 섞은 다음, 파스타 면과 함께 먹는다.

참기름에 재운 참치

CUBES DE THON MARINÉS AU SÉSAME

참치(붉은 살 또는 흰 살)
500g

라임
2개

참기름
3테이블스푼

참깨
1테이블스푼

간장
6테이블스푼

준비 : 10분
조리 : 10분

- **참치**를 굵직한 큐브 모양으로 잘라 **라임즙**, **참기름**, **참깨**, **간장**과 섞어준다.
- 중간중간 간이 잘 배게 섞어주며 냉장고에 10분 정도 넣어 둔다. 캉파뉴 브레드 토스트를 곁들이면 좋다.

바질을 넣은 토마토소스 오징어

FRICASSÉE D'ENCORNETS AU BASILIC

마늘
2톨

올리브오일
4테이블스푼

오징어
800g(껍질과 내장을 손질한 것)

화이트 와인
1잔(150ml)

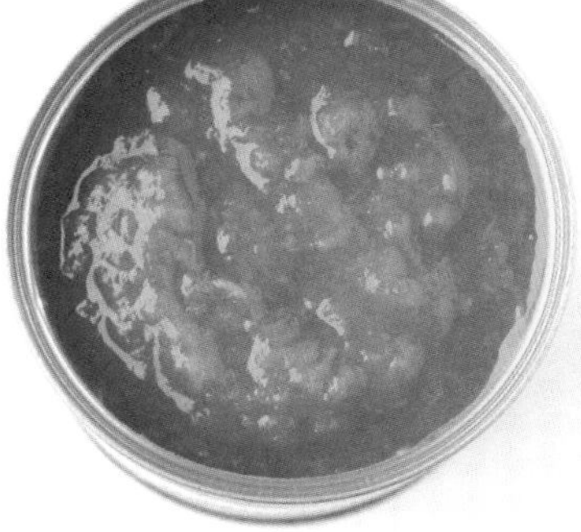

토마토 콩카세* 통조림
400g

바질 잎
20장

소금, 후추

준비 : 10분
조리 : 45분

- **마늘**을 까서 다진다. 냄비에 **올리브오일**을 넣고 달군 후, **오징어**를 **마늘**과 함께 익힌다.
- 5분간 색이 나게 구운 후, **화이트 와인**을 넣고 졸인다. **토마토**를 넣는다.
- 소금, 후추로 간하고 약한 불에 40분간 익힌다. **바질 잎**을 넣고 잘 섞는다.

* tomates concassées : 토마토 껍질을 벗기고 씨를 뺀 다음 살만 잘게 썰어 놓은 것.

속을 채운 오징어 ENCORNETS FARCIS

오징어
8마리(껍질과 내장을 손질한 것)

돼지고기 다짐육
250g

달걀
1개

말린 타임
1테이블스푼

토마토소스
500ml

화이트 와인
250ml

소금, 후추

준비 : 10분
조리 : 1시간

- 오븐을 170℃로 예열한다. **오징어**의 다리는 잘게 썰어 **다짐육**, **달걀**, **타임**과 섞는다. 소금, 후추로 간하고 잘 치대며 섞는다.
- **오징어**에 고기 속을 채우고 이쑤시개로 꿰어 입구를 봉한다.
- 오븐 용기에 **오징어**를 넣고 **토마토소스**와 **화이트 와인**을 넣은 뒤 오븐에서 1시간 동안 익힌다. 중간중간 소스를 끼얹어준다.

문어 스튜 POULPE EN COCOTTE

적양파
2개

올리브오일
4테이블스푼

문어
1.2kg

레드 와인
1병(750ml)

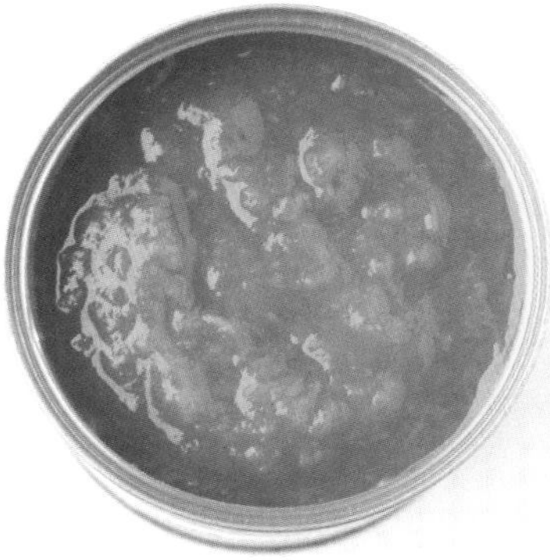

토마토 콩카세* 통조림
1캔(800g)

타임
4줄기

소금, 후추

준비 : 10분
조리 : 1시간

- **양파**의 껍질을 벗기고 얇게 썬다.
- 냄비에 오일을 달군 후 **양파**와 적당한 크기로 자른 **문어**를 넣고 볶는다. **와인**을 붓고 **토마토**와 **타임**을 넣는다.
- 약한 불에서 1시간 동안 저어주며 뭉근히 익힌다. 따뜻할 때 서빙한다. 파스타 면을 곁들여 먹으면 좋다.

* tomates concassées : 토마토 껍질을 벗기고 씨를 뺀 다음 살만 잘게 썰어 놓은 것.

갑오징어 먹물 요리 SEICHE À L'ENCRE

마늘
4톨

올리브오일
4테이블스푼

갑오징어 살
600g

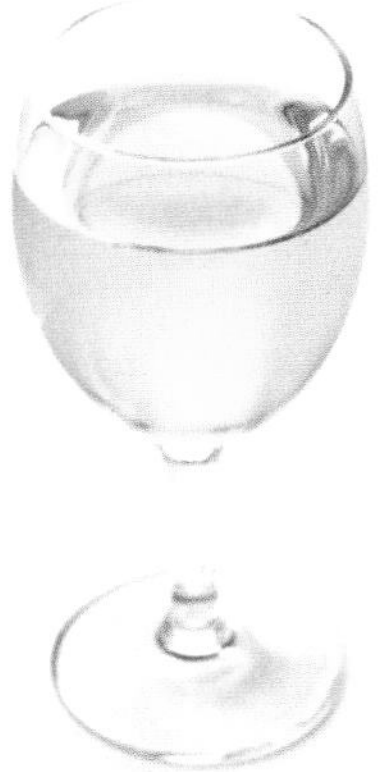

화이트 와인
1잔(150ml)

오징어 먹물
4개(작은 포장)

타임
4줄기

소금, 후추

준비 : 5분
조리 : 30분

- **마늘**의 껍질을 까서 다진다. 냄비에 **올리브오일**을 넣고 달군 후 **오징어 살**과 **마늘**을 볶는다.
- **화이트 와인**을 붓고 반으로 졸아들면 **먹물**과 **타임**, 물 1컵을 넣는다.
- 약한 불에서 25분 정도 익힌다. 소금, 후추로 간하고, 쌀밥을 곁들여 먹는다.

라임 새우 세비체 CEVICHE DE GAMBAS AU CITRON VERT

라임
4개

고수
1단

왕새우
8마리(큰 것)

올리브오일
6테이블스푼

소금, 후추

준비 : 15분
재우기 : 15분

- **라임**의 즙을 짠다. **고수**를 씻어서 잎만 떼어내 다진다.
- **새우**는 껍질을 까서, **올리브오일**, **라임즙**, **고수**와 섞어 15분 동안 재운다.
- 소금과 후추로 간하고 토스트한 빵을 곁들여 먹는다.

왕새우 커리 CURRY DE GROSSES GAMBAS

왕새우
8마리(큰 것)

올리브오일
2테이블스푼

바질 잎
40장

코코넛 밀크
1리터

커리 가루
2테이블스푼

소금, 후추

준비 : 15분
조리 : 20분

- 오븐을 180℃로 예열한다. **새우**는 몸체의 껍질만 벗기고 머리와 꼬리는 그대로 둔다. 오븐 용기에 넣는다.
- 여기에 **올리브오일**, **바질** 그리고 **커리**를 풀어 섞어 놓은 **코코넛 밀크**를 넣는다. 소금, 후추로 간한 뒤 오븐에 넣어 20분 동안 익힌다.
- 뜨거울 때 오븐 용기째 서빙한다. 밥이나 파스타 면을 곁들인다.

바닐라 버터 왕새우구이

GAMBAS AU BEURRE DE VANILLE

바닐라 빈
4줄기

버터(상온)
120g

왕새우
8마리(큰 것)

소금, 후추

준비 : 8분
조리 : 8분

- **바닐라 빈**을 길게 갈라 칼끝으로 속의 가루를 긁어내어 **버터**와 섞는다.
- **새우**를 길게 반으로 잘라 바닐라 **버터**에 지진다.
바닐라 빈 줄기도 잘라서 넣고 약한 불에서 6~8분 정도 익힌다. 중간중간 저어준다.
- 소금, 후추로 간하고, 매시드 포테이토를 곁들여 먹는다.

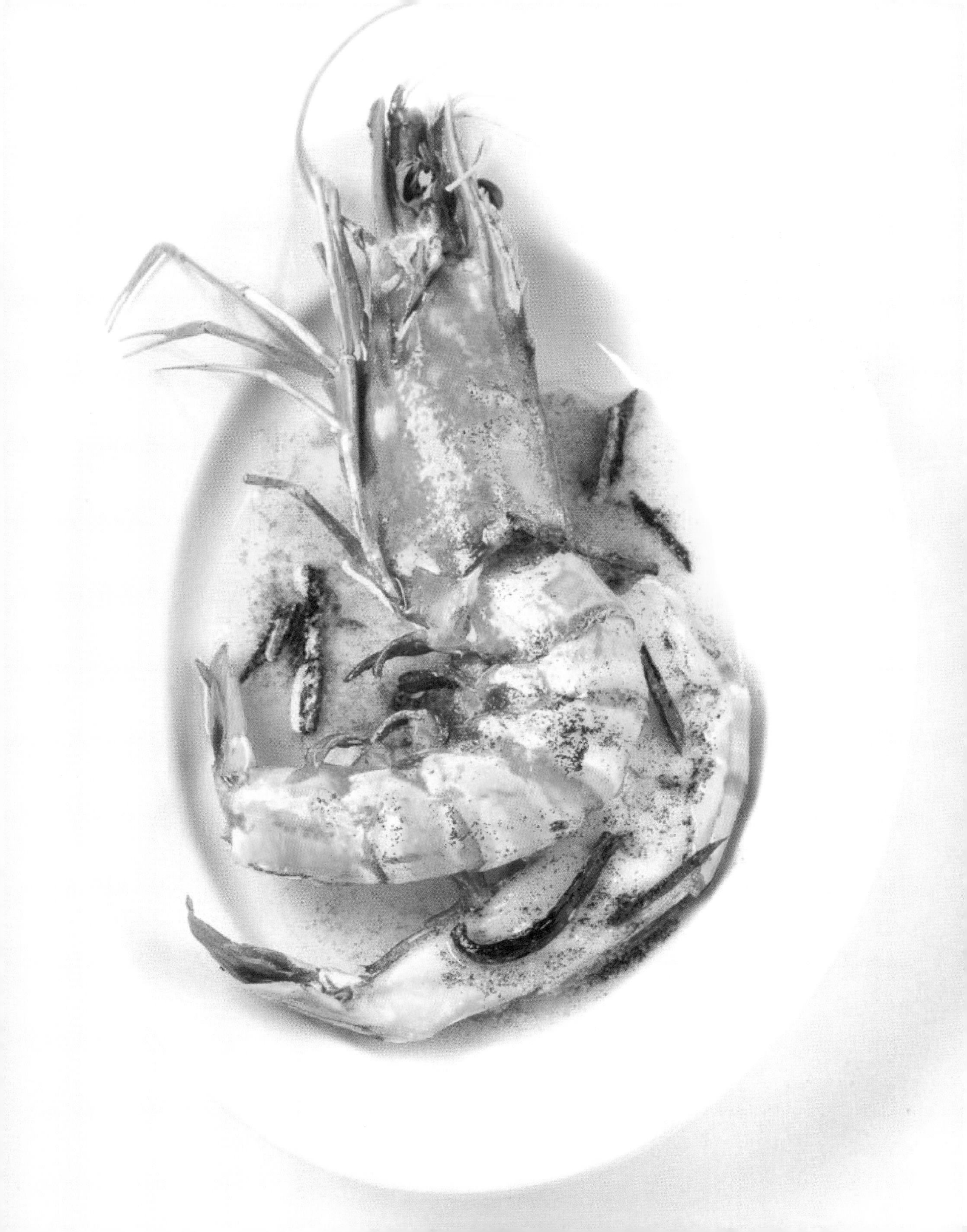

크림소스 랍스터

HOMARDS À LA CRÈME

랍스터
2마리(800g짜리)

버터
80g

코냑
50ml

생크림
500ml

토마토 페이스트
2티스푼

소금, 후추

준비 : 40분
조리 : 35분
휴지 : 30분

- **랍스터**를 끓는 물에 넣고 1분간 데친다.
- 냄비에 **버터**를 넣고 달군 후 **랍스터**를 10분간 익힌다.
- **코냑**을 넣고 디글레이즈*한 다음 불을 붙혀 플랑베**한다. **생크림**과 **토마토 페이스트**를 넣는다.
- 거품기로 잘 섞고 약한 불에 20분간 더 끓인다.
- 불을 끄고 30분간 그대로 두어 맛이 우러나게 한다. 다시 데워 먹는다.

* deglaze, déglacer : 재료를 굽고 난 후 팬의 바닥에 눌어붙거나 남아 있는 영양소나 맛을 활용하기 위하여 스톡이나 와인 같은 액체를 첨가하여 열에 의해 불린 다음 소스와 같은 기초 요리로 사용하는 조리법.
** flamber : 조리하면서 재료에 브랜디·럼 등을 뿌리고 불을 붙여서, 알코올은 날려 보내고 향을 남게 하여 잡내를 없애는 방법.

생강 크림을 얹은 굴 HUÎTRES CHAUDES AU GINGEMBRE

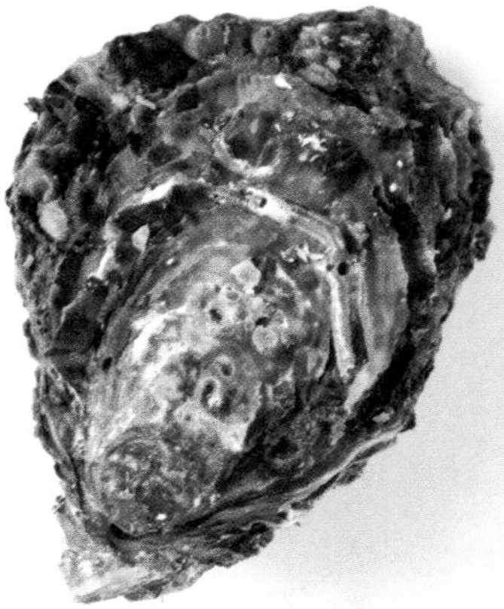

움푹한 모양의 석화
8개(큰 것)

생크림
1테이블스푼

버터
80g

생강
30g

라임
1개

연어알
2테이블스푼

소금, 후추

준비 : 20분
조리 : 5분

- **굴**을 까고, 굴 속의 물은 따로 냄비에 받아둔다. 굴의 살만 발라내어 그 물에 2초간 데친다. 건져서 다시 굴 껍질 안에 놓는다.
- 소스팬에 **생크림**을 데운 후, 조각으로 자른 **버터**를 넣고 불에서 내려 거품기로 잘 저어 섞는다. 다진 **생강**과 **라임즙**, **연어알**을 넣고 잘 섞어준 다음, **굴** 위에 뿌린다.

고수와 석류를 얹은 굴

HUÎTRES, GRENADE ET CORIANDRE

석류
1개

고수
1단

라임
3개

간장
6테이블스푼

올리브오일
4테이블스푼

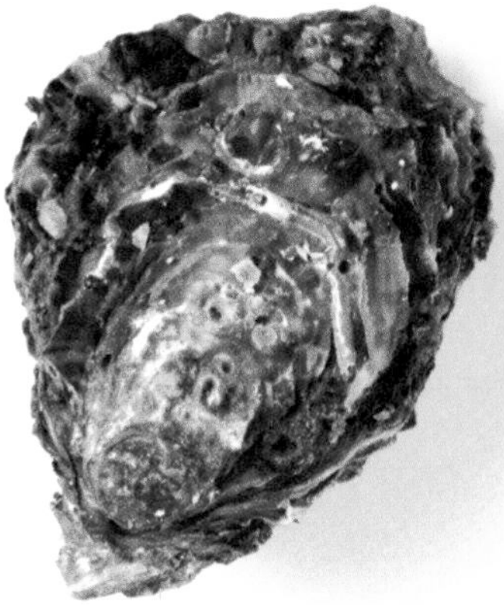

움푹한 모양의 석화
24개

준비 : 20분

- **석류**를 까서 알갱이를 분리한다. **고수**는 씻어서 다진다. **라임즙**을 짠다.
- 볼에 위의 재료들을 잘 섞는다.
- **굴**을 까서 각 개인 접시에 놓는다. 만들어 놓은 소스를 뿌리고 3분간 맛이 배도록 두었다가 먹는다.

커리 홍합 스튜 MOULES MARINIÈRES AU CURRY

홍합
2리터

생크림
330ml

타임
4줄기

커리 가루
1테이블스푼

소금, 후추

준비 : 10분
조리 : 5분

- **홍합**을 솔로 문질러 깨끗이 씻는다. 냄비에 **홍합**을 넣고 **크림, 타임, 커리 가루**를 넣는다.
- 끓기 시작하면 중간중간 저어주며 5분간 센 불에 익힌다.
- **홍합** 껍데기가 전부 입을 열면 불을 끄고 잘 섞는다.

껍질에 넣어 오븐에 구운 성게 OURSINS À LA COQUE

성게
8개(큰 것)

메추리알
4개

생크림
4테이블스푼

올리브오일
2티스푼

소금, 후추

준비 : 15분
조리 : 10분

- 오븐을 180℃로 예열한다. 아주 잘 드는 가위로 **성게**를 따고, 주황색 알을 작은 스푼으로 떠낸다.
- 모양이 보기 좋은 **성게** 껍데기 4개를 골라 깨끗이 씻어 말린다. 각 껍데기 안에 **메추리알**을 한 개씩 깨트려 넣는다. **생크림**을 넣고 **올리브오일**을 뿌린 다음, **성게알**을 올린다.
- 오븐에 10분간 익힌다. 소금을 조금만 넣고 후추를 뿌린다. 무이에트 빵*을 찍어 먹는다.

** mouillette : (계란 반숙이나 커피 따위에 적셔 먹는) 길고 가느다란 빵조각.

코코넛 밀크 바지락 찜 PALOURDES AU LAIT DE COCO

레몬그라스 줄기
2대

코코넛 밀크
500ml

타임
2줄기

바지락(또는 백합)
24개

소금, 후추

준비 : 10분
조리 : 10분

- **레몬그라스** 줄기의 껍질을 벗기고 얇게 썬다.
- 냄비에 **코코넛 밀크**, **레몬그라스**, **타임**, **바지락조개**를 넣는다.
- 내용물을 저어주며 끓인다. **조개** 껍데기가 전부 열리면 불을 끈다. 4개의 개인 볼에 담아 서빙한다.

패션푸르트 가리비 카르파초 CARPACCIO DE SAINT-JACQUES PASSION

패션푸르트
3개

올리브오일
4테이블스푼

내장을 제거한 가리비 살
12개(생물 또는 냉동)

소금, 후추

준비 : 10분
재우기 : 5분

- **패션푸르트**를 반으로 잘라 속의 과육과 씨를 파내어 **올리브오일**과 섞어준다.
- **가리비**는 얇게 저며 4개의 접시에 꽃 모양으로 빙 둘러 놓는다.
- **올리브오일**과 섞은 **패션프루트** 소스를 고루 바른다.
- 소금, 후추로 간하고 5분 정도 맛이 배도록 두었다가 먹는다.

가리비구이와 허브 가스파초 SAINT-JACQUES ET GASPACHO AUX HERBES

바질 잎
20장

딜
1단

가리비 살
12개(생물 또는 냉동)

올리브오일
6테이블스푼

가스파초*
1리터

소금, 후추

준비 : 15분
조리 : 2분

- **바질**과 **딜**을 씻어서 굵직하게 다진다. 팬에 **올리브오일** 분량의 반을 두르고 달궈서 **가리비 살**을 양면 각각 2분씩 지진다. 취향에 따라 주황색 내장을 함께 구워도 된다.
- 4개의 우묵한 접시에 **가스파초**를 담고 팬에 지진 **가리비**를 놓는다. 허브를 고루 뿌리고 소금, 후추로 간한 다음 나머지 **올리브오일**을 뿌려 서빙한다.

* gaspacho : 토마토, 피망, 오이, 빵, 올리브오일, 식초, 얼음물을 함께 갈아 차게 마시는 스페인의 야채수프. pp.40,44,46 참조.

콘플레이크 초코볼 ROSES DES SABLES

밀크초콜릿
200g

콘플레이크
130g

준비 : 15분
냉장 : 1시간

- **초콜릿**을 중탕으로 녹여 **콘플레이크**를 넣고 잘 섞는다.
- 균일한 크기로 볼을 만들어 넓은 쟁반에 놓고 냉장고에 넣어 굳힌다.

누텔라 퐁당 FONDANT AU NUTELLA®

달걀
4개

누텔라®
250g

준비 : 10분
조리 : 5분

• 오븐을 180℃로 예열한다. **달걀**을 볼에 넣고 전동 믹서 거품기로 8분 정도 돌린다.

• 전자레인지에 **누텔라**를 넣고 데워 부드럽게 한 다음, 거품 낸 달걀에 넣고 실리콘 주걱으로 조심스럽게 돌리며 살살 섞는다. 4개의 개인 용기에 넣고 오븐에 5분간 굽는다. 뜨거울 때 바닐라 아이스크림과 함께 먹는다.

코코넛 로셰 ROCHER COCO

달걀흰자
2개분

설탕
80g

코코넛 간 것
180g

준비 : 10분
조리 : 5분

- 오븐을 210℃로 예열한다. **달걀흰자**와 **설탕**, **코코넛 간 것**을 손가락으로 섞는다.
- 오븐팬에 유산지를 깔고, 반죽을 봉긋한 피라미드 모양으로 만들어 놓는다.

오븐에서 5분간 구운 후 식혀서 먹는다.

피스타치오 체리 쿠키 COOKIES PISTACHE, CERISE

절인 체리
100g

껍질 벗긴 피스타치오
50g

버터(상온)
100g

설탕
50g

밀가루
100g

준비 : 15분
조리 : 10분
냉장 : 1시간

- **체리**와 **피스타치오**를 굵직하게 다진다.
- **버터**, **설탕**, **밀가루**와 함께 섞는다.
- 반죽을 길게 원통 모양으로 만들어 냉장고에 1시간 보관한다.
- 오븐은 180℃로 예열해둔다.
- 원통 반죽이 굳으면 1cm 두께로 썰어 베이킹용 오븐팬에 놓는다. 오븐에서 10분간 굽고, 꺼내서 식힌다.

패션프루트 초콜릿 프로피트롤* PROFITEROLES PASSION CHOCOLAT

다크초콜릿
200g

생크림
200ml

슈케트(슈 페이스트리 과자)
12개

패션프루트 소르베
300g

준비 : 15분

- **초콜릿**을 칼로 잘게 썰어 볼에 넣고 뜨거운 **생크림**을 부어 거품기로 저으며 녹인다.
- 중탕 상태로 따뜻하게 보관한다.
- **슈케트** 안에 **패션프루트 소르베**를 채우고 각 개인 접시에 놓는다. 따뜻한 **초콜릿 크림**을 붓는다.

* profiterole : 슈 반죽을 작고 둥글게 만들어 속에 아이스크림처럼 달콤한 것이나 짭짤한 혼합물을 채우는 페이스트리.

라즈베리 휘핑크림 CRÈME FOUETTÉE À LA FRAMBOISE

생크림
600ml

슈거파우더
1테이블스푼

라즈베리
400g

준비 : 10분
냉장 : 10분

- 아주 차가운 볼에 차가운 **생크림**을 넣고 전동 믹서 거품기로 돌려 휘핑크림을 만든다.
- **슈거파우더**와 **라즈베리**를 넣고 2분 정도 더 돌린다. 유리잔에 담아 냉장고에 10분 정도 차게 보관했다가 먹는다.

마스카르포네 휘핑크림과 야생 딸기 CRÈME ONCTUEUSE AUX FRAISES DES BOIS

마스카르포네 치즈
250g

생크림
330ml

슈거파우더
1테이블스푼

야생 딸기
400g

준비 : 10분
냉장 : 1시간

- **마스카르포네 치즈**와 **크림**, **슈거파우더**를 믹싱볼에 넣고 잘 섞은 후 냉장고에 1시간 보관한다.
서빙하기 5분 전에 꺼내어 전동 믹서 거품기로 휘핑하여 크렘 샹티이*를 만든다.
- 유리잔에 **야생 딸기**와 함께 담아낸다.

* crème chantilly : 휘저어 거품을 낸 크림.

퍼프 페이스트리 애플 스트루들 FEUILLETÉ AUX POMMES ET À LA CANNELLE

사과
4개

버터
50g

계핏가루
2티스푼

퍼프 페이스트리(파트 푀이유테)
1장

설탕
4테이블스푼

준비 : 10분
조리 : 25분

- **사과**의 껍질을 벗기고 큐브 모양으로 썬다.
- 팬에 **버터**와 **계핏가루**를 넣고 사과를 볶은 후 식힌다.
- 오븐을 180℃로 예열한다. 오븐용 베이킹 시트에 **퍼프 페이스트리**를 펼쳐 놓는다. 그 위에 **사과**를 놓고 **설탕** 3테이블스푼을 뿌린 다음 **페이스트리**를 덮어 말아준다.
- 표면에 **설탕**을 뿌리고 오븐에서 25분 굽는다. 따뜻할 때 먹어도 좋고 식혀서 먹어도 좋다.

와인 시럽에 조린 딸기 FRAISES AU SIROP DE VIN ET À LA MENTHE

레드 와인
200ml

각설탕
15개

팔각
2개

통계피
2개

민트
1단

딸기
2팩

웃웃웃웃

준비 : 10분 + 3시간
조리 : 25분
냉장 : 3시간

- **와인**과 **설탕**, **팔각**, **통계피**를 약한 불에 25분간 끓인다.
- **민트**를 씻는다. **딸기**를 씻어서 반으로 자른다.
- 와인 시럽의 불을 끄고 **민트**를 줄기째 넣는다. 뚜껑을 덮어 시원한 곳에 향이 우러나도록 3시간 정도 둔다.
- **민트**를 건지고 시럽에 **딸기**를 넣어 잘 섞는다.

레몬 시럽 수박 샐러드 PASTÈQUE AU SIROP DE CITRON

유기농 레몬
2개

슈거파우더
2테이블스푼

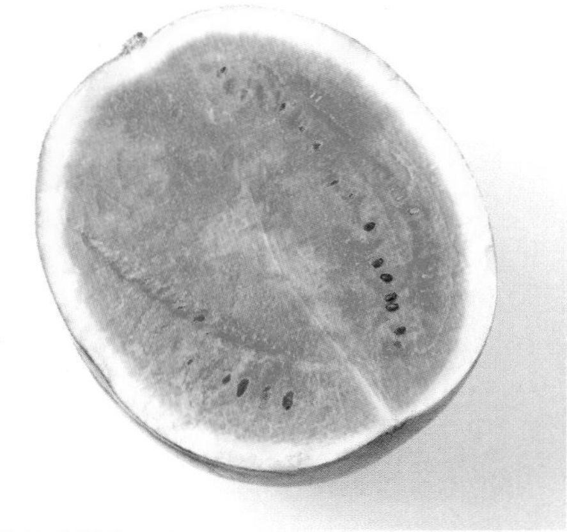

수박
900g

준비 : 10분
조리 : 25분

- **레몬** 껍질 제스트를 갈고, 즙을 짠다. 소스팬에 레몬즙과 제스트, 물 50ml, **슈거파우더**를 넣는다.
- 약한 불에 25분 정도 졸여 시럽 농도가 되면 불을 끄고 식힌다.
- **수박**의 껍질을 잘라내고 큐브 모양으로 자른다. **레몬 시럽**과 잘 섞어 차게 해서 먹는다.

와인과 사프란에 조린 배 POIRES POCHÉES AU VIN ET AU SAFRAN

배
4개(큰 것) 또는 8개(작은 것)

스위트 와인
1병(750ml)

사프란 꽃술
10가닥

팽 데피스*
2장

준비 : 15분
조리 : 45분
냉장 : 1시간

- **배**의 꼭지는 그대로 살려둔 채 껍질을 벗긴다. 냄비에 **와인**, **사프란**과 함께 **배**를 넣는다.
- 약한 불에서 45분가량 끓인 다음 불을 끄고, 그 상태로 식혀, 냉장고에 한 시간 정도 둔다.
- 우묵한 접시에 차갑게 식은 **배**를 담고 시럽을 부어준다. **팽 데피스**를 손으로 으깨 가루를 위에 뿌린다.

* pain d'épice : 벌꿀과 정향, 육두구, 계피 등의 향신료를 넣어 만든 빵으로 프랑스 디종의 특산물이다.

바질을 넣은 딸기 샐러드 SALADE DE FRAISES AU BASILIC

딸기
400g

슈거파우더
1테이블스푼

레몬
2개

바질 잎
10장

올리브오일
2테이블스푼

준비 : 10분
조리 : 15분

- **딸기**를 씻어서 꼭지를 따고 반으로 자른다. **슈거파우더**와 **레몬즙**을 넣고 잘 섞는다.
- 냉장고에 15분 정도 넣어 맛이 잘 배게 한다. 가늘게 썬 **바질**과 **올리브오일**을 넣고 잘 섞어준다.

코코아 휘핑크림과 블루베리 CHANTILLY CACAO MYRTILLES

생크림
600ml

무가당 코코아 파우더
2테이블스푼

슈거파우더
2티스푼

블루베리
400g

준비 : 15분
냉장 : 1시간

- 믹싱볼에 **생크림**을 넣고 냉장고에 1시간 동안 넣어 차갑게 한다. 서빙하기 5분 전에 꺼내어 전동 믹서 거품기로 크림을 휘핑한다. **코코아 파우더**와 **슈거파우더**를 넣고 1분 정도 더 휘핑하여 잘 섞는다.
- 개인 용기에 담고 **블루베리**를 올린다.

차례

아페리티프(APÉROS)

전채 요리(ENTRÉES)

메인 요리(PLATS)

디저트(DESSERTS)

찾아보기

ㅎ

SIMPLISSIME, Le livre de cuisine le + facile du monde

Author of the texts and photos : Jean-François Mallet
Korean edition arranged through Bestun Korea Agency

심플리심, 세상에서 가장 쉬운 프랑스 요리책
1판 1쇄 발행일 2016년 4월 30일
글·사진 : 장 프랑수아 말레
번　역 : 강현정
발행인 : 김문영
펴낸곳 : 시트롱 마카롱
등　록 : 제2014-000153호
주　소 : 서울시 중구 장충단로 8가길 2-1
블로그 : blog.daum.net/macaron2000 페이스북 : facebook.com/CimaPublishing
이메일 : mararon2000@daum.net
ISBN : 979-11-953854-1-6 03590

이 도서의 국립중앙도서관 출판예정도서목록(CIP)은 서지정보유통지원시스템 홈페이지(http://seoji.nl.go.kr)와 국가자료공동목록
시스템(http://www.nl.go.kr/kolisnet)에서 이용하실 수 있습니다. (CIP제어번호 : CIP2016008670)